服装计算机辅助设计

FUZHUANG JISUANJI FUZHU SHEJI

孙慧扬　著

中国纺织出版社有限公司

内 容 提 要

本书结合 Kimo 服装制板和排料系统，介绍了在计算机辅助下进行纸样设计、裁片处理、放码及排料方案设计的工作原理和方法。尤其重点介绍了智能绘图、智能放码和智能排料，在这些智能工具的协助下大大提高了制板员的工作效率。同时，为了便于读者学习，结合前面所学知识要点和学习目标，设置了相关案例，可以帮助读者在实践中学习和思考，快速地掌握各章节的知识。

本书适合高等院校服装专业的师生阅读，也可供服装行业从事技术工作的人员参考使用。

图书在版编目（CIP）数据

服装计算机辅助设计 / 孙慧扬著 . -- 北京：中国纺织出版社有限公司，2020.7

ISBN 978-7-5180-7363-4

Ⅰ . ①服… Ⅱ . ①孙… Ⅲ . ①服装设计—计算机辅助设计 Ⅳ . ① TS941.26

中国版本图书馆 CIP 数据核字（2020）第 075968 号

责任编辑：范雨昕　　责任校对：楼旭红　　责任印制：何　建

中国纺织出版社有限公司出版发行
地址：北京市朝阳区百子湾东里A407号楼　邮政编码：100124
销售电话：010—67004422　传真：010—87155801
http：//www.c-textilep.com
中国纺织出版社天猫旗舰店
官方微博 http：//weibo.com/2119887771
佳兴达印刷（天津）有限公司印刷　各地新华书店经销
2020年7月第1版第1次印刷
开本：889×1194　1/16　印张：9.25
字数：198千字　定价：68.00元

凡购本书，如有缺页、倒页、脱页，由本社图书营销中心调换

前　言

随着纺织服装智能制造技术的发展，生产加工模式的变革，服装计算机辅助技术也相应地发生了变化。目前国内服装企业应用计算机辅助设计软件的普及程度已经达到前所未有的高度，而且整个行业的变革越来越细化，越来越规范化和智能化。

以往繁杂、抽象的工作，在各种软件的帮助下变得简单、形象；各种硬件的发明，使工作中难度系数高的环节变得易于掌握。行业整体对于工作者的要求由个人手工能力，转变为需要与智能设备协同工作的能力；对设备的要求由完成基本的生产加工能力，转变为减小对操作者的技能要求，使其经过短暂培训即可以达到较高的生产加工水平。

本书结合 Kimo 智能服装制板软件和智能排料软件编写，主要介绍了服装计算机辅助设计（CAD）系统的发展和应用情况。本书共分七章，第一章为概述；第二章为软件安装；第三章为纸样设计中心智能工具；第四章为纸样设计中心其他工具；第五章为智能排料中心；第六章为文件设置及输入输出；第七章为案例学习。建议读者可以结合第七章的特色案例，开展第三至第五章内容的学习。同时，特别感谢范圣园、张彩提供资料并参与编写。

大家可以通过 http://www.han-bond.com/down/down.html 下载 Kimo 智能服装 CAD 系统的在线免费学习软件，而且公司提供了详细的教学视频，这些教学视频可以帮助读者尽快了解和掌握软件的工作原理和操作方法。

本书在编写过程中，得到学院领导、前辈及企业工作人员的大力支持和鼓励，在此对那些为本书编写提供了帮助的朋友，致以最衷心的感谢！

本书集作者多年教学经验编写而成，精心选取有代表性的案例进行讲解，但是由于作者的水平有限，不足之处在所难免，欢迎读者批评指正。

孙慧扬（Sophia）

2020 年 3 月

目 录

第一章 概 述

◆本章知识
    1. 服装计算机辅助设计的概念及分类
    2. 服装计算机辅助设计制板软件的发展趋势

◆学习目标
    1. 了解服装计算机辅助设计制板软件的发展趋势
    2. 掌握服装计算机辅助设计的概念及分类

第一节 服装计算机辅助设计概述

服装计算机辅助设计系统（Garment Computer Aided Design System，CAD），是在 20 世纪 70 年代起步发展的。早期的服装 CAD 技术主要用于绘制服装纸样，通过计算机的辅助画出与手绘相仿的图纸。它是在计算机图形学的基础上发展出来的专门用于服装制板（Pattern Making）的绘图软件。1972 年，美国诞生了第一套服装 CAD 系统——MAR-CON，随后，法国、日本、西班牙等国家也纷纷推出类似系统。经过发展，服装 CAD 技术扩充了相关领域的专业知识，已经远远超出绘图功能，在服装设计、生产中表现出更加 "智能" 的一面，极大地提高了工作效率。

我国服装 CAD 软件的研发工作，开始于 20 世纪 80 年代中期的 "七五" 国家星火计划项目。在经历了相当长一段时间引进、使用国外服装 CAD 软件的基础上，研发出更加符合我国制板人员工作习惯的服装 CAD 软件。虽然我国起步较晚，但发展势头迅猛，到目前为止，二维模式的服装 CAD 技术已经较为成熟，功能已经接近甚至超过国外同类制板软件水平。

服装 CAD 系统在整个服装行业中普及率越来越高。它可以帮助企业提高生产效率，降低生产成本，对相关技术文件的管理更加便捷，对生产管理更加有的放矢。同时，对于从业人员提供更为专业的帮助，改善工作环境，改进工作方法。

目前，服装 CAD 系统由硬件和软件两部分组成，主要包含款式设计部分、制板部分、放码部分和排料部分。

一、款式设计部分

款式设计部分通过计算机的辅助，实现服装效果图和款式图的绘制，其中，效果图可以实现轮廓绘制、多颜色填充、渐变效果、各种绘图风格模拟等。

二、制板部分

制板部分通过计算机的辅助，实现各种款式的纸样绘制、板型确定以及板型的相关处理，例如转省、加褶、对称处理、加缝份、缝边切角、加剪口和打孔等。

三、放码部分

放码部分通过计算机的辅助，对各个样片进行放缩，得到放缩图，标注放码量等。

四、排料部分

排料部分通过计算机的辅助，进行整个排料相关数据的设定，实现排料图设计与管理；配合相应的硬件可以将整个排料计划打印输出和样片裁出。

曾经出现的各种服装 CAD 软件，都对整个行业的发展贡献出自己的力量。截至目前，比较著名并且得到较为广泛应用的软件有：美国格柏（GERBER）、美国 PGM、法国力克 (LECTRA)、加拿大派特 (PAD)、日本旭化成 (AGMS)、德国艾斯特 (ASSYET)、西班牙艾维 (INVEST)，我国 ET、博克、至尊宝纺、富怡等。

第二节　服装 CAD 制板软件的发展趋势

一、参数化设计

服装 CAD 制板软件中的参数化设计，需要建立参数化模型。用参数化模型规范各个线条之间的几何约束和工程约束。

1. 几何约束

几何约束包括控制几何元素之间拓扑约束关系的结构约束和控制各个数据尺寸大小的尺寸约束，例如平行、垂直、对称、镜像等属于结构约束，距离、角度、半径等属于尺寸约束。

2. 工程约束

工程约束是指尺寸之间的约束关系，通过定义尺寸变量以及它们之间在数值上和逻辑上的关系来确定约束，例如肩线、袖子、领子等部位的纸样绘制通常由工程约束参与尺寸控制。

二、变量设计

服装 CAD 制板软件由定值设计向变量设计过渡，为自动放码奠定技术基础。

基于定值来进行纸样设计的制板软件，开发难度较低，比较适合传统的制板方式，起步较早的服装 CAD 软件均为定值设计。但在款式修改方面几乎无能为力，往往需要重新制板。在放码环节，则完全依靠人工经验放码。基于参数变量来进行纸样设计的制板软件，开发难度较高，能够实现自动放码、款式变化、联动修改等。尤为值得一提的是，采用变量设计对于私人订制、单量单裁也有很好的支持。基于变量设计的服装 CAD 制板软件更适应当今快时尚的节奏。

变量化设计渐渐发展成为一个必备功能。仅基于定值进行制板设计的模式已经不能满足客户的需要。但是，由于开发时技术水平的限制和对未来发展的预判不足等，一些软件无法升级为可变量化设计，难以避免地逐渐被工业化时代所淘汰。新研发的软件，站在更高的技术和时代的背景下，在软件开发时可以更好地规划，能够更好地适应时代的发展。

三、模块化设计

纸样设计模块化逐渐成为新的发展趋势。例如，一片袖、两片袖等画法相对固定的纸样，演变出模块化设计方法，为用户带来更加方便快捷的体验，逐渐成为软件的设计趋势。

四、三维智能化设计

当前服装 CAD 系统已经越来越多地呈现出智能化的特点。随着更多科技研究成果运用到系统中，服装 CAD 系统必将更加智能，功能更加强大。目前已经可以在一定程度上实现纸样的自动识别、全自动设计、自动放码以及自动排料等功能，在三维立体设计方面的研究仍然正在进行，以期能够实现制板、修板等功能能够以三维可视的方式完成。

五、网络化

随着 5G 时代的来临，网络必将更加紧密地融入人们的生活中，极大地改变了人们日常生活、工作、学习的模式。越来越多的服装 CAD 软件为使用者开辟了专门的交流平台，开辟了网络学习培训、软件网络维护等附加服务。服装网络辅助设计系统（Net Aided Design，NAD）必将成为新的工作方式，借助网络的力量，为线上工作伙伴之间的配合提供支持。

六、标准化

目前，服装 CAD 的发展已经进入较为成熟的阶段，取代起步阶段的自由无序状态，业界更加青睐能够满足最多用户需求、甚至不同国家用户需求的设计开发理念。这就需要建立符合国际产品数据转换标准的数据模型、数据信息存储和传输方式。

以往的服装 CAD 软件，常具有不同的文件扩展名。不同软件所绘制的制板文件只能由绘制软件打开，彼此不能兼容。这一技术壁垒为用户增添了麻烦，造成不同用户之间的沟通困难。

中国在国际服装行业中占据相当重要的地位，与很多国家建立了业务关系。随着服装 CAD 系统在整个服装行业中的普及，电子文件的通用性变得日益重要，甚至可能影响整个行业的工作模式。文件格式的规范、统一，可以让在工作中使用不同软件的公司之间的沟通更加顺畅无阻。KIMO 制板软件以顾客需求为己任，支持多种文件格式，甚至能够将不同的制板软件所生成的文件格式转换为通用格式，极大地方便了用户。

第三节　企业如何选择服装 CAD 系统

企业在选择服装 CAD 系统时应该重视整个服装行业的发展趋势，选择工作模式与企业相得益彰，同时能够提供更多便捷服务的品牌。

一、软件的设计理念

一款优秀的服装 CAD 制板软件，不但可以帮助制板师顺利完成制板工作，甚至可以帮助制板师提升技术水平，帮助企业提升生产水平。

首先，优秀的制板软件可以提供更加便捷的绘图方法，把复杂的问题简单化，引导制板师改变落后的绘图习惯；其次，优秀的制板软件可以提供更加开放、灵活的设计工具，为制板师个性化的设计提供更多帮助；最后，优秀的制板软件可以根据用户使用习惯，最大限度地开放系统设置，满足不同客户的差异化需求。

二、技术支持

用户在使用服装 CAD 系统时，尤其是初期磨合阶段，容易出现各种问题。此时，如果服装 CAD 系统生产企业能够提供及时的技术支持，帮助用户顺利度过磨合期，会极大地提高效率。优秀的服装 CAD系统可以提供视频指导、远程控制帮助等实时在线帮助。不仅帮助解决软件使用过程中的问题，还有专门高水平技术人员帮助解决相关硬件设置问题。

三、服装 CAD 系统生产企业实力

无论是技术实力还是生产实力，选择实力雄厚的合作伙伴，为企业发展非常有利。不仅在服装 CAD系统软件方面能够获得更长久的技术支持和升级服务，而且在硬件方面有可能获得更多与软件匹配度好的设备以及不断研发出来的先进设备。

四、匹配度

用户在选择服装 CAD 系统时，应该考虑到自身的软硬件条件，选择与自身实际情况相匹配的系统。不同的软件有其自身的特点，有的更适合欧美板型绘制习惯，有的适合日本板型绘制习惯，有的适合我国板型绘制习惯等；有的软件风格自由奔放，有的沉稳内敛等。选择适应自身生产特点的软件，选择适合服装 CAD 使用人员操作风格的软件，可以将服装 CAD 系统的作用得到最大限度的发挥。

第四节　KIMO 软件特色介绍

制板系统是服装 CAD 的核心部分之一，它的主要作用在于提供各种方便快捷的画线工具，各种线条处理工具以及裁片处理工具，帮助操作者顺利完成纸样绘制和裁片的工业化处理。

优秀的纸样绘制软件，就像一个工具齐全的工具箱，可以任由操作者挑选使用，却几乎没有使用条件限制，相反能够为操作者提供更好的工具。反之，具有较多使用条件限制的绘图软件，就像不顺手的工具，会令操作者产生不舒适的感觉，进而延长学习和适应软件的时间。

优秀的纸样设计软件，还能前瞻性地考虑到软件使用者可能的工作方式和潜在需求，在软件中充分为用户提供各种服务。例如，考虑到软件使用者可能需要配合其他办公软件制作工作报表，或者服装专业的教授和学生需要备课和提交作业等，而提供的"拷贝图形到其他程序（比如 word）""拷贝图形为图片到剪贴板"等工具，大大节省了相关操作的时间，如图 1-1 所示。

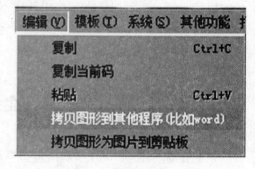

图 1-1　编辑菜单

近年来，随着服装行业的发展和工作方式的变化，服装 CAD 软件也逐渐发展出与之相适应的功能。

一、支持多种常用文件格式

经过多年发展，有多款常用的服装 CAD 软件同时为用户所使用。但是，这些软件往往有其专用的文件格式，形成技术壁垒，妨碍了各个软件之间相互配合使用。为了解决这一矛盾，新研发的软件往往支持多种文件格式，甚至可以提供常用服装 CAD 软件文件格式与通用文件格式之间的转换。例如，Kimo 软件可以支持 *.efd、*.enc、*.ens、*.efs、*.dxf、*.plt、*.pce、*.mae 等文件格式，如图 1-2 所示。

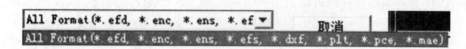

图 1-2　Kimo 制板系统所支持导入的文件格式

二、支持服装定制模式

随着互联网的发展和云衣定制模式的逐渐成熟，服装 CAD 软件纷纷推出支持服装团体定制和个体定制的版本。

三、系统安全防护

通过"新建"可以开始一个全新文件的设计，通过"打开"可以开启一个已存在文件。同时，对于一些特殊情况，如突然断电、死机等导致系统异常退出，一般服装 CAD 软件均有防护设置，通过备份文件可以找回。其中，Kimo 软件的备份文件尤为有特点，通过"打开备份文件"命令，不仅可以找到上次关闭前的文件，还可以找到之前曾经对该文件所做操作的备份文件，供使用者根据需求选择使用。如

图 1-3 所示为"打开备份文件"对话框。

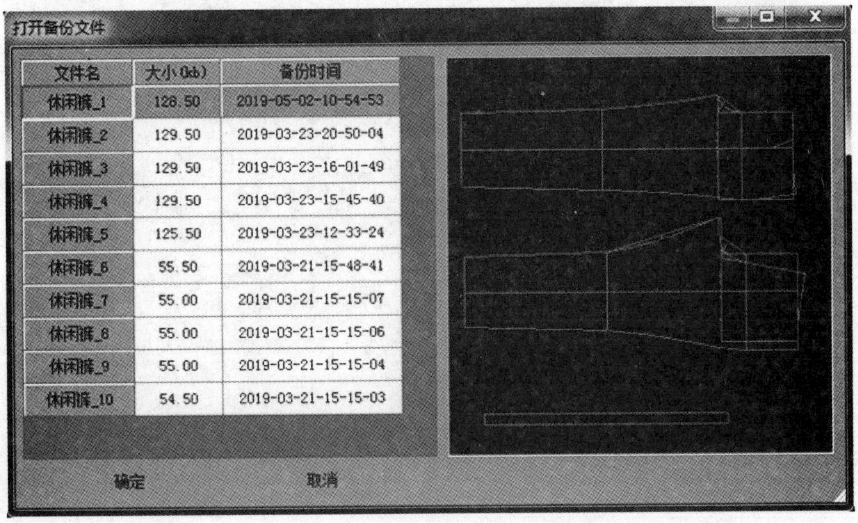

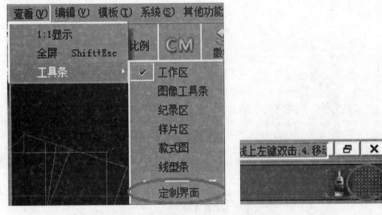

图 1-3 "打开备份文件"对话框

四、工具界面支持个性定制

服装 CAD 软件往往可提供丰富而全面的设计工具，以满足使用者的设计需求。同一个图形可以有多种绘制方法，但制板师往往有自己的工作习惯，各个公司往往有其独特的工作程序和要求，纸样设计中心的工具菜单栏开启了个性定制时代。

以 Kimo 软件为例，在菜单"查看—工具条—定制界面"，可以自定义功能按钮（改为"自定义工具栏"）；或者从界面右上角按钮处，双击快捷键进入自定义模式，如图 1-4 所示。

进入"自定义功能按钮区"后，即弹出"功能定制"对话框，如图 1-5 所示。

图 1-4 "查看"菜单和"自定义功能按钮区"快捷键

设置方法为：从左侧各工具栏内选择需要的工具按钮，鼠标左键按住拖移至右侧"自定义功能按钮区"某个按钮上，则这个新按钮会取代旧按钮出现在该位置。注意：蓝色图标为未入选自定义功能区按钮图标，橘色为自定义功能区按钮图标。另外，可以自定义"按钮行数"，图标显示形式可以为"文字""背景""大图标"。设置完成后"确定"即可，也可以点击"默认定义功能"恢复初始设置。

右侧"自定义功能菜单区"，如图 1-6 所示，专门用于设置绘图区空白处单击右键时所显示的菜单内容，用户可以根据个人工作特点和习惯，将常用菜单命令设置在"右键功能菜单区"。

勾选"显示导航区"，确定后可以在绘图区显示出"导航/信息"，如图 1-7 所示，便于快速调整到目标位置。

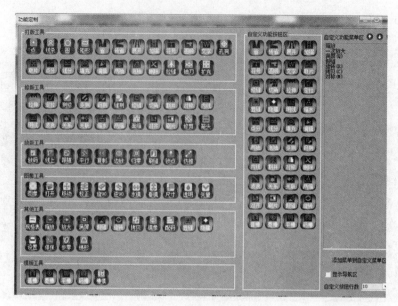

图 1-5　"功能定制"对话框

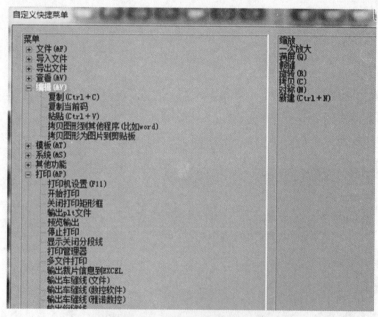

图 1-6　"自定义功能菜单"对话框

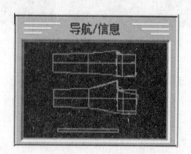

图 1-7　导航 / 信息

五、参数配置个性化

操作位置：屏幕左下角 ▨▨ 处，如图 1-8 所示。

图 1-8 "参数配置"快捷按钮

　　点击 [Set] 进入"参数配置"操作界面。参数配置包括系统设置、捕获设置、线型设置、数字化仪设置、显示设置、单位设置、表格颜色设置、背景网格设置、其他设置、输出排料设置。这些参数均可根据实际情况自行设置，最大限度地满足客户工作环境的要求和操作偏好的要求。

1. 系统设置（图 1-9）

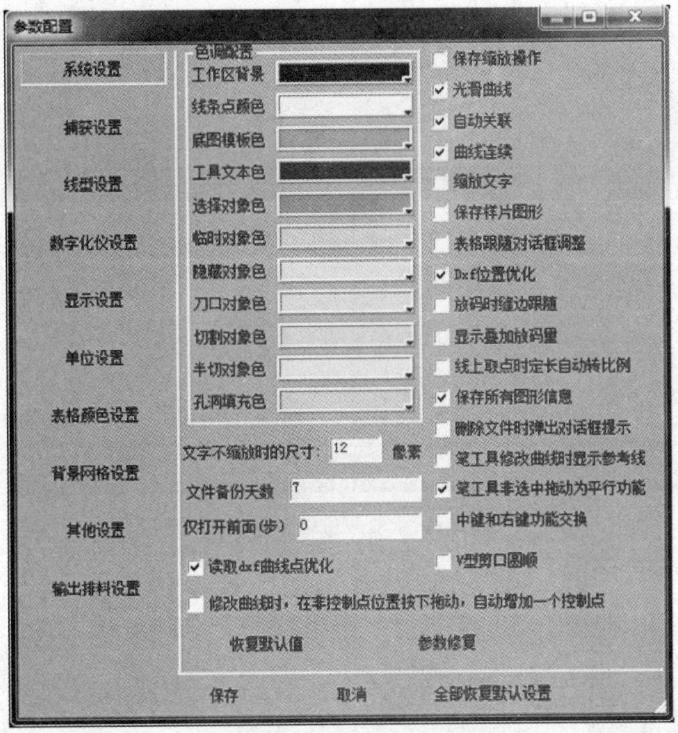

图 1-9 "系统设置"对话框

　　在系统设置中，可以设置工作区背景颜色、绘制线条和点的颜色、底图模板的颜色、工具文本的颜色、对象被选择中时的颜色、临时对象的颜色、隐藏对象的颜色、刀口对象的颜色、切割对象的颜色、半切割对象的颜色、孔洞填充的颜色；可以设置文字不缩放时的尺寸，文件备份的天数，仅打开前面的步骤数量；设置读取 dxf 文件时曲线点优化；可以设置在修改曲线时，在非控制点位置按下拖动时，是否自动增加一个控制点；设置是否保存缩放操作；是否自动顺滑曲线；是否自动关联；是否曲线连续；是否缩放文字；是否保存样片图形；表格是否跟随对话框调整；dxf 位置优化；放码时是否缝边跟随；是否显示叠加放码量；线上取点时定长自动转化比例；是否保存所有图形信息；删除文件时是否弹出对话框提示；笔工具修改曲线时是否显示参考线；笔工具非选中拖动时是否执行平行功能；鼠标中间滚轮和右键功能是否交换；V 型剪口是否自动圆顺。

2. 捕获设置（图 1-10）

　　在捕获设置中，可以设置顶点、交点、角度、水平线、竖直线、平行线、垂足、垂线、圆切点、顶点水平与竖直是否可自动捕获；是否捕获对象上的顶点做线段；是否自动捕获对象；是否捕获线段延长线上的点；是否捕获线段垂线上的点；是否捕获 45° 角；是否捕获十字交叉线；是否捕获非关键点；是否捕获参考模板；是否捕获角平分线；可以设置长度捕捉的灵敏度、角度捕捉的灵敏度；设置各种符号大小、点的大小、对象上文字的大小；可以设置是否交换滚轮方向和鼠标滚动时是否自动居中以及设置视图滚动的灵敏度。

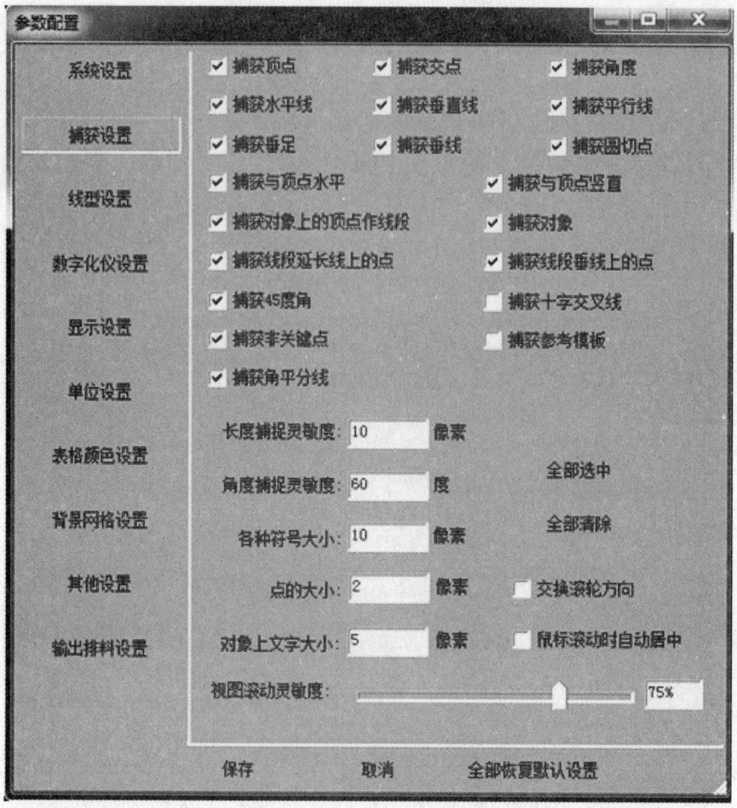

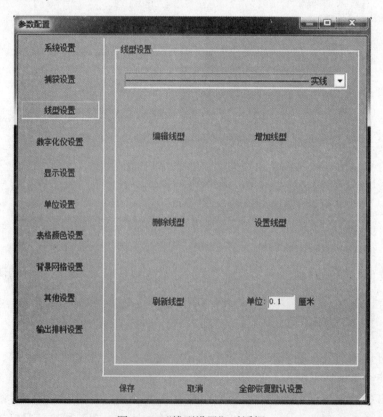

图 1-10   "捕获设置"对话框

3. 线型设置（图 1-11）

图 1-11   "线型设置"对话框

在线型设置中，可以选择所选择绘制线条的线型，如图 1-12 所示，点击右侧三角打开下拉菜单，选择所需要的线型即可。编辑线型为对当前所选线型进行编辑，如图 1-13 所示，可以修改线型，常用的是修改线宽。增加线型为将所设计的线型添加进线型库中，方便选择。如果不再需要所设计的新线型，可以通过"删除线型"进行删除。

线型设置用于将当前所选线型设置为应用线型，刷新线型可以将重新设置的线型应用于前面已完成的图形。单位用于设置实线外其他线型的宽度。

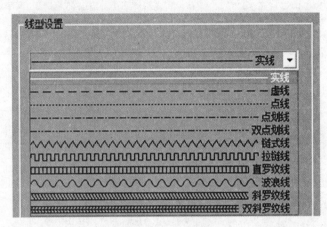

图 1-12 线型选择

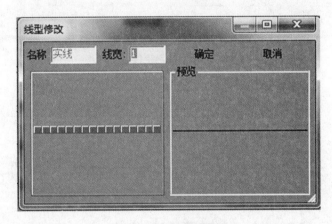

图 1-13 编辑线型

4. 数字化仪设置（图 1-14）

数字化仪设置用于设置数字化仪的参数。可以根据选择的数字化仪的品牌，设置数字化仪的高度、宽度、型号、端口类型；设置刀口参数，包括刀口类型以及刀口的宽度、深度；可以进行尺寸校正，包括 X 轴（水平）方向和 Y 轴（竖直）方向的数据校正。

读图前需要勾选"初始化"选项，重新读入参数到机器。

"点方式"和"流方式"为读图仪的工作形式，一般读图仪的工作形式为"点方式"。

增加表和删除表用于建立和删除裁片信息，读图时可以与所读裁片建立联系，直接将表内信息赋予所读裁片。

5. 显示设置（图 1-15）

显示设置用于设置样片的显示参数，勾选后即为显示项，不勾选则不会显示。

"布纹线信息显示位置定义"，通过拖动可以调整各个内容的显示位置。

另外，还可以设置全屏时是否隐藏输入提示，是否显示对象长度，是否显示锁点标记。可以设置下拉列表框行高，通常使用默认值即可。可以勾选"样片库样片旋转 90°显示"，通常应用于裤片等较长

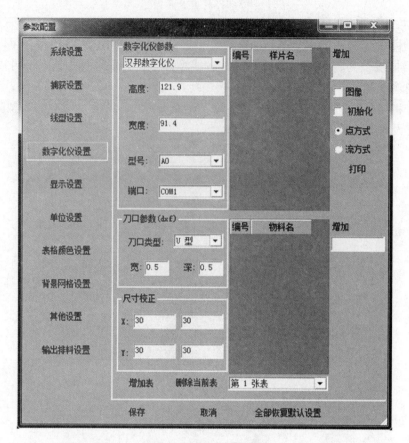

图 1-14　数字化仪设置

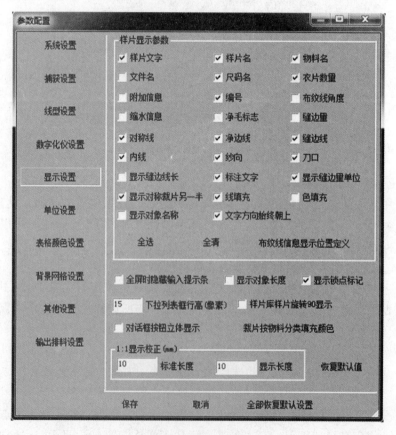

图 1-15　显示设置

衣片，或者根据习惯勾选。

裁片的物料不同时，可以设置为裁片按物料分类填充颜色，便于识别、操作。

设置 1 : 1 显示校正，可精确至毫米（mm）。

6. 单位设置（图 1-16）

根据操作习惯，选择合适的常用单位即可，同时可以设置显示的精度。

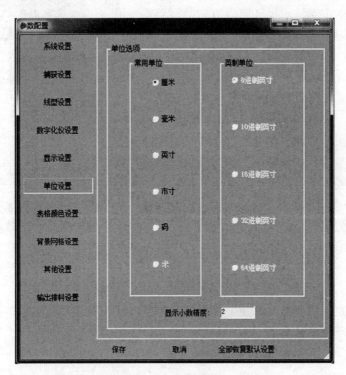

图 1-16　单位设置

7. 表格颜色设置（图 1-17）

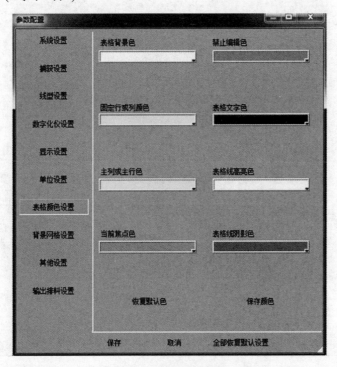

图 1-17　表格颜色设置

在表格颜色设置选项里，通过点击颜色条右下角的小三角（图1-18），可以选择表格背景色、禁止编辑色、固定行或列的颜色、表格文字色、主列或主行色、表格线高亮色、当前焦点色、表格线阴影色。

8. 背景网格设置（图1-19）

背景网格设置用于确定网格水平和竖直方向的间距。还可以设置网格颜色，选择是否显示背景网格，选择网格自动捕捉功能是否开启。

9. 其他设置（图1-20）

一些不方便归类但又重要的项目统一放在此设置中。

其他包括样片丝缕线文字，在网状图时是否仅显示基码；浮动输入条是否跟随在鼠标后面；样片名称是否可以相同；刀口在净边缝边是否同时显示；新增记录时如有回退记录是否提示；是否永远显示曲线关键点；是否永远显示线段端点；移动曲线关键点时非关键点是否跟随；放码图时，缝边净边一起显示时，净边是否仅显示基码；镜像裁片文字输出时是否镜像输出；对齐工具时，基码是否加粗显示；文件关闭时是否同步更新导出文件；样片数量是否仅显示总数量；临时捕捉到的线条是否显示长度；线延长缩短后原位是否增加一个点；捕捉基准点时是否以最近点为优先捕捉，否则以端点优先；点放码时吸附点是否跟随联动；是否框选操作不分上下；点放码是否默认框选方向全一致；是否隐藏样片库顶部按钮。

颜色方案可以选择是否每个尺码单独一种颜色和是否以线条类别划分颜色，并设定各种关系的颜色方案和不同类别线条的颜色方案。

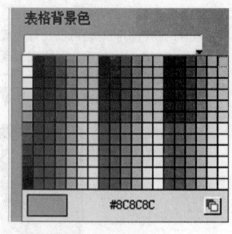

图1-18　单位设置

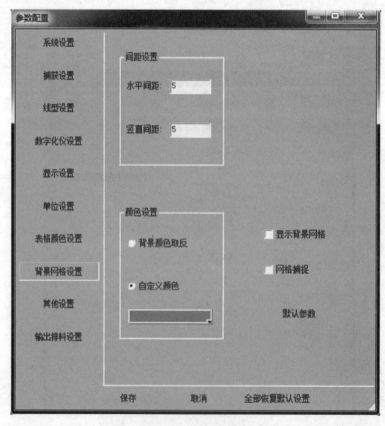

图1-19　背景网格设置

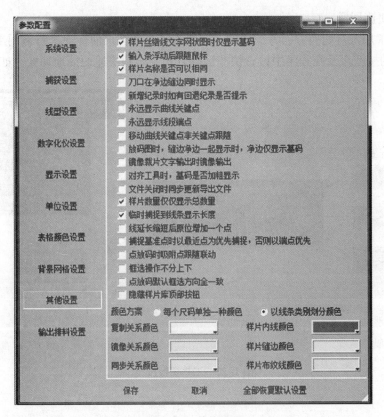

图 1-20　其他设置

10. 输出排料设置（图 1-21）

输出排料设置可以设置本机或局域网内的打印服务器参数和连接服务器参数；设置数据库连接的专用设置。

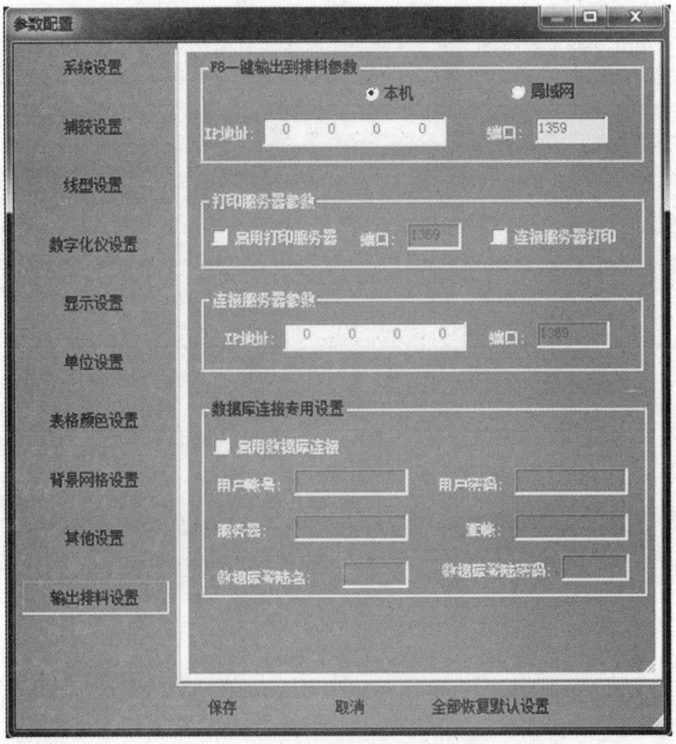

图 1-21　输出排料设置

六、常用工具便捷切换

优秀的软件在常用工具切换方面考虑周到。一般为了方便客户便捷地进行常用工具之间的切换，会在面板上设置专门的按钮以及在程序中设置快捷键等方式，做到快速便捷地切换，如图1-22所示。

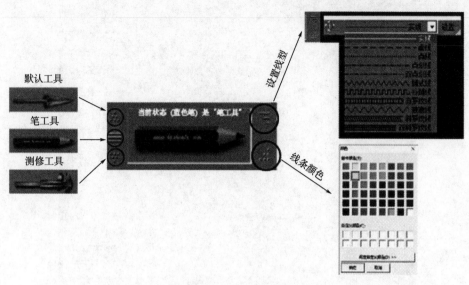

图1-22　工具切换按钮

第二章　软件安装

◆**本章知识**

    1. Kimo 制板软件的安装及设置

    2. Kimo 排板软件的安装及设置

◆**学习目标**

    1. 了解软件的安装方法

    2. 了解软件技术支持获取途径

第一节　程序安装

一、安装步骤

（1）双击软件安装包图标 ![] 进行安装。

（2）在弹出的安装对话框中点击"下一步（N）"。

（3）点击"我接受（I）"。

（4）如图 2-1 所示，点击浏览设置软件安装地址，完成后，点击"安装（I）"。

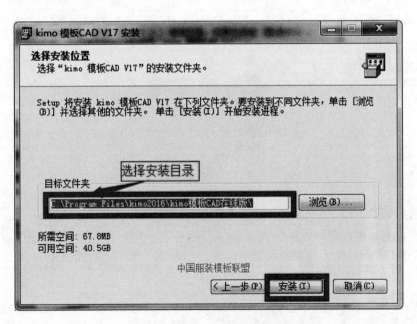

图 2-1　软件安装地址设置

（5）安装中，等待。

（6）安装完成，点击"完成"。

（7）注意：插上软件加密狗！

提示：在线学习版不需要加密狗，直接打开软件使用手机号码注册即可。

（8）安装加密狗驱动，点击"下一步"。

（9）点击"下一步"。

注意：安装目录不用设置，使用默认，如图 2-2 所示。

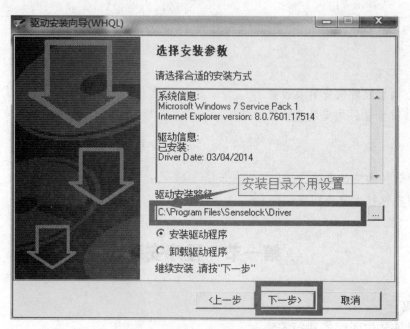

图 2-2　安装加密狗驱动程序

（10）安装中。

（11）安装完成。

（12）安装完成后，计算机桌面会出现："（排料）kimo2019"与"（制版）kimo2019"两个快捷方式，如图 2-3 所示。

图 2-3　快捷方式图标

二、设置软件兼容性

（1）鼠标右键点击桌面快捷方式图标 ，点击"属性"，选择"兼容性"，"兼容模式"下勾选"以兼容模式运行这个程序"，以及"特权等级"下勾选"以管理员身份运行此程序"。

注意：Windows XP 系统不必设置此内容。

（2）设置"兼容性"，完成后先点击"应用"再点击"确定"。

（3）"排料"的兼容性设置：设置方法与"制板"相同。

注意：（排料）kimo2019 与（制版）kimo2019 两个都要设置。

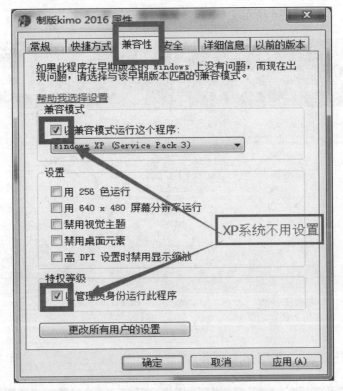

图 2-4 兼容性设置

第二节　杀毒软件设置及用户添加

一、添加信任文件（以 360 查毒软件为例）

具体步骤如下：

（1）打开杀毒软件。

（2）点击"查杀修复"，如图 2-5 所示。

图 2-5　"查杀修复"按钮

（3）点击"信任区"，如图 2-6 所示。

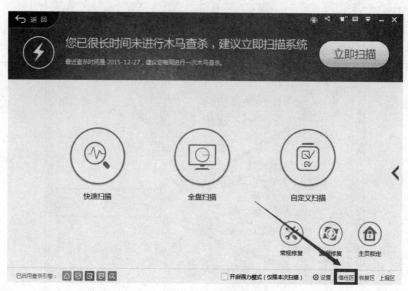

图 2-6　信任区

（4）点击"添加信任目录"，如图 2-7 所示。

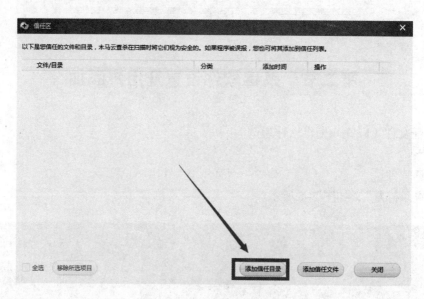

图 2-7　添加信任目录按钮

（5）如图 2-8 所示，选择 kimo 文件夹，添加进信任目录，点击"确定"。

（6）加入 360 木马查杀白名单，点击"是"，如图 2-9 所示。

（7）如图 2-10 所示添加完成后，点击"关闭"。

（8）添加完成，关闭杀毒软件。

二、添加用户名

（1）双击 ，打开软件。

（2）点击"登录"即可打开软件。

（3）进入软件后，点击菜单栏"系统"—"用户管理（M）"—"系统管理员"，如图 2-11 所示，输入用户名称，点击"添加用户"按钮，确定后即可完成添加。

图 2-8　选择信任目录

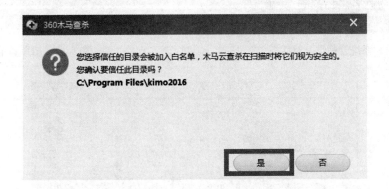

图 2-9　添加到 360 木马查杀白名单

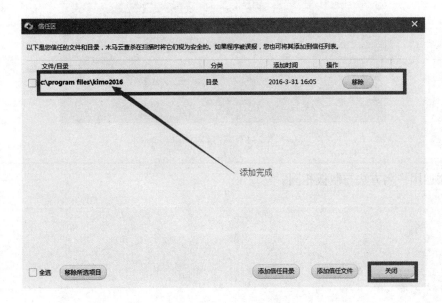

图 2-10　添加完成

（4）添加完成，登录用户。如图 2-12 所示，双击用户名 "hanbond"，再点击 "登录"。

（5）登录软件。如图 2-13 所示，用户名处选择之前添加的用户名，点击 "登录" 即可。

图 2-11 "系统管理员"对话框   图 2-12 用户登录

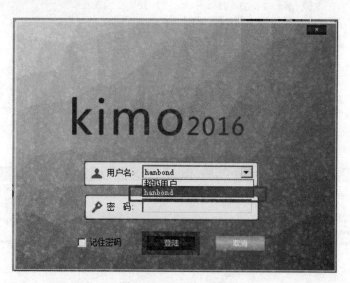

图 2-13 登录对话框

（6）排料添加用户名方法与制板相同。

第三章　纸样设计中心智能工具

◆ **本章知识**
1. 尺码表
2. 智能画笔工具
3. 智能调整工具
4. 智能测量工具

◆ **学习目标**
1. 了解纸样设计中心的概念、分类及发展
2. 掌握尺码表的建立
3. 掌握纸样设计的常用工具
4. 能够独立完成常规纸样设计

第一节　新建与尺码表

尺码表是公式法进行纸样设计的基础，用于各部位数据及档差的设定。在绘制结构图时可以直接调用各个规格的相应部位数据，使自动放码变为可行。另外，Kimo 制板中的尺码表提供了多种导出数据模式，除了导出为专用格式外，还可以直接导出为 Excel 格式，方便制作工艺单等其他相关文件。

在 Kimo 制板系统中点击"新建"后，会弹出"新建款式"对话框，如图 3-1 所示。除了可以进行新款式相关信息的设置外，还可以进行尺码表的设置。对于已建立的制板文件，可以直接点击"尺码"调出尺码表，进行相关修改或查看等操作。

一、款式相关内容设置

1. 公司
直接输入或鼠标左键点击公司设置的三角打开下拉菜单选择公司名称。

2. 大类
直接输入或鼠标左键点击大类设置的三角打开下拉菜单选择一个服装类别名称。

3. 名称
直接输入款式名称即可。

二、尺码部分设置

1. 上装部位
根据实际情况选择。
（1）鼠标左键点击左侧黑三角打开下拉菜单，选择"上衣部位"或者"下装部位"。
（2）点击右侧黑三角打开下拉菜单，选择相对应的部位名称，例如点击左侧三角选择"上衣部位"时，可以点击右侧三角打开下拉菜单，在菜单中选择胸围、腰围等部位名称，双击即可添加到规格表中。

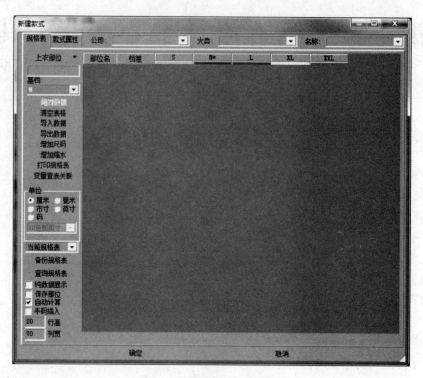

图 3-1 "新建款式"对话框

提示：

①当下拉菜单中没有需要的部位名称时，可以直接在下面的框中编辑，回车后即可出现在右侧规格表中。

②当右侧尺码表中某个"部位名"需要修改时，可以直接双击修改。

2. 基档

鼠标左键点击黑色三角，打开下拉菜单，选择基码的号型名称。

3. 绝对数据

点击"绝对数据"，则尺码表除了基码为真实数据外，其他均为档差；例如图 3-2 为绝对数据显示方式。

部位名	档差	155/64A	160/68A	165/72A	170/76A	175/80A
腰围	4	4	4	72	4	4
臀围	3.6	3.6	3.6	93.6	3.6	3.6
裙长	2	2	2	56	2	2
腰节高	1	1	1	39	1	1

图 3-2 绝对数据显示方式

4. 相对档差

点击"相对档差"，则尺码表以真实数据的形式显示。例如图 3-2 的数据以相对档差方式显示为图 3-3。

部位名	档差	155/64A	160/68A	165/72A	170/76A	175/80A
腰围	4	64	68	72	76	80
臀围	3.6	86.4	90	93.6	97.2	100.8
裙长	2	52	54	56	58	60
腰节高	1	37	38	39	40	41

图 3-3 相对档差显示方式

5. 清空表格

点击此按钮，则数据项全部删除。图3-3显示为图3-4。

图3-4 清空数据

6. 导入与导出数据

（1）点击此按钮，出现"规格表格式"对话框，如图3-5所示，根据实际情况，选择格式，完成确定。

图3-5 "规格表格式"对话框

（2）弹出"导入（或导出）规格表"对话框，如图3-6所示，选择合适的文件类型确定即可。

图3-6 导入数据时选择"专用格式"后弹出的对话框

提示：

功能用于打开或保存设置好的尺码表设计。

"专用格式"为系统生成的尺码表格式，Excel格式为通用办公软件格式。

7. 单位

选择制板过程中使用的长度单位。

8. 规格表

鼠标左键点击三角打开下拉菜单，可以在"当前规格表"或"变量表"之间进行切换。

9. 确定

全部设置完成后点击"确定"，即可完成规格表设置，进入纸样设计界面。

第二节　智能线条工具

一、智能制板工具

约自 2005 年起，服装 CAD 软件开始逐渐在纸样设计中普及智能笔模式，即通过画线笔工具完成纸样绘制的大部分工作。智能笔的功能主要可以分为绘图类、修改和调整所绘制的图形以及功能类三个类型。下面以 Kimo 软件为例，了解智能笔模式的工作方法。

按住 Shift+Esc 键，可以在正常绘图模式和全屏绘图模式之间进行切换。

二、智能模式绘图功能

"线条"工具 ▬▬▬ ▉ 功能非常丰富，可以完成纸样绘制中的大部分工作，真正地实现了"一支笔"智能制板。在此工具下，可以完成以下操作：

（一）绘图类

1. 画线

鼠标左键点击可以进行线条绘制，系统可以自动捕捉水平、竖直位置以及四个象限的 45° 方向。点击第 2 个点时，移动鼠标可以看到线条跟随光标移动呈现曲线拟合状态，如图 3-7 所示。

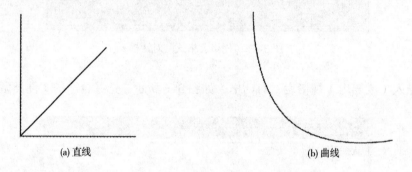

(a) 直线　　　　　　　　　　　　　　　(b) 曲线

图 3-7　画线

提示：

①如果需要绘制折线，点击右键，转为折线绘制状态，继续在合适的位置点击左键，直至完成折线绘制，再次点击右键结束。

②如果需要绘制曲线，继续在合适的位置点击直至完成曲线绘制，2 次点击右键，结束绘制。

③点击鼠标右键结束绘制后，可以在数据框中设置线长、角度等数据，对线条进行精确控制，完成后点击鼠标右键确定即可。

2. 画点

（1）在绘图区空白处或者线上单击鼠标左键。

（2）按住 Ctrl 键。

（3）单击鼠标右键即可完成加点。

3. 偏移点

（1）在某点上直接拖出半矩形框。

（2）在绘图区空白处松开鼠标。

（3）输入水平偏移量和竖直偏移量。

（4）即可绘制出以该点为参考点的偏移点。

提示：偏移点的绘制方法与 L 形线的绘制方法类似，区别在于鼠标松开位置不同。偏移点的鼠标松开位置为绘图区空白处，L形线的鼠标松开位置为已知点。

4.绘制矩形框

点击鼠标左键拖框，屏幕出现一个白色虚线矩形框，当松开鼠标左键时，屏幕出现一个白色实线矩形框和数据框，在数据框中输入数据，点击确定后，矩形框会按照新的数据显示。数据可以反复修改，确定后回车或者单击鼠标右键后结束绘制。

提示：在快捷菜单栏"比例"所在的灰色格子空白处双击，可以将数据框固定在这里。同样再次在此空白处双击，可以让数据框跟随光标位置显示。

5.绘制半矩形框

（1）按住Ctrl键，点击鼠标左键拖出半矩形框，结束点为半矩形框交点位置。

（2）按住Shift键，点击鼠标左键可以拖出相反方向半矩形框，起始点为半矩形框交点位置。

（3）松开鼠标左键，屏幕出现一个半矩形框，同时出现数据框，输入数据回车即可。如图3-8所示为配合Ctrl键和Shift键绘制的半矩形框。

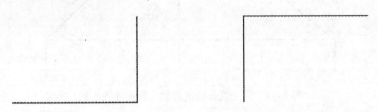

图3-8　同样方式配合Ctrl键和Shift键绘制的方向不同的半矩形框

6.绘制L形线

（1）在某已知点上直接拖出半矩形框。

（2）到另外已知点处松开。

（3）即可绘制出两点间的L形线。

提示：

①此工具常与半矩形框配合使用。

②绘制时优先绘制两点间的水平坐标间距离。

如图3-9所示，对已经绘制的半矩形框配合使用L形线，得到矩形。

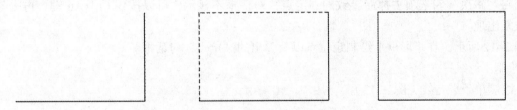

图3-9　与半矩形框配合使用的L形线

7.定方向线

（1）画直线时，点下第一点后移动鼠标到合适的角度，按住Shift键，可以锁定该绘制方向。

（2）输入线长，确定即可完成定方向定长线绘制。

例：如图3-10所示，在绘制肩线时，可以用此方法锁定肩斜角度，并精准绘制肩线长度。

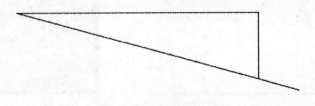

图3-10　锁定肩斜角度绘制肩斜

8. 定长线

（1）鼠标左键单击起始点，在"线长"中设定长度，即可得到定长线。

（2）移动鼠标位置，在合适的位置单击左键，即可画出任意角度的定长线。

例如，在绘制袖山辅助线时，点击袖山顶点后，在数据框中输入前 AH 或后 AH+1（AH 为袖窿弧线长度），即可生成一条定长线；光标靠近袖山底线时系统能够自动捕捉该线，呈高光显示，鼠标左键点击袖山底线，方便快捷地完成一条袖山辅助线的绘制。如图 3-11 所示，分别绘制长度为"前 AH"和"后 AH+1"的定长线。

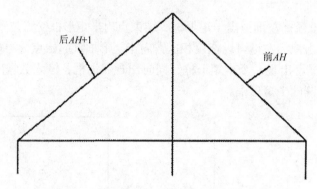

后 AH+1　　　　前 AH

图 3-11　锁定线长后进行袖山辅助线的绘制

9. 定位点

（1）在线上单击鼠标左键。

（2）出现定点对话框，可以根据需要选择"距离"或者"比例"方式定点。

（3）选择是否需要"相对另一端"为参考点（注：参考点显示为白色方框）。

（4）选择数据为"长度""水平"或是"垂直"。

（5）在"偏移"处输入有白色线框标记的端点之间的距离，或者在"比例"处输入比例值。

（6）确定完成。

提示：

① "定点"对话框默认设定为"每次"和"长度"。

②因将"每次"勾选项去掉而导致的"定点"对话框不显示，可以按住 Ctrl+Alt 键，再去勾选即可在下次恢复出现。

如图 3-12 所示，在矩形框上绘制定位点以及弹出的"定点"对话框。

10. 绘制平行线

（1）绘制单条平行线（图 3-13）。

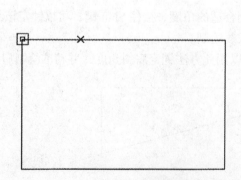

图 3-12　绘制定位点及"定点"对话框

①点击平行参考线即可拖出该线的平行线。

②在平行线对话框可填入两条平行线之间的距离。

③回车或者单击鼠标右键后结束绘制。

如图 3-13 所示，分别绘制直线和曲线的平行线。

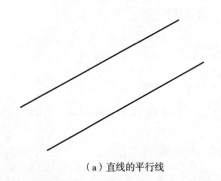

（a）直线的平行线　　　　　　　　（b）曲线的平行线

图 3-13　绘制单条平行线

（2）绘制多条平行线。

①按住 Shift 键。

②单击平行基准线拖出平行线。

③出现"平行线"对话框，如图 3-14 所示，可以设置平行线条数和距离、档差等。

④确定完成。

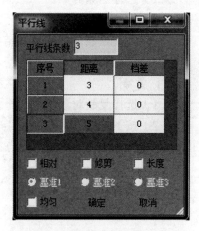

图 3-14　绘制多条平行线时
弹出的对话框

11. 绘制垂线

（1）在垂线上某点单击鼠标左键。

（2）在欲作垂线的直线上任意位置单击鼠标右键，即可拉出通过该点的垂线。

（3）在合适的位置单击鼠标左键开始，单击鼠标右键结束绘制，在数据框中输入垂线具体长度，回车即可。

如图 3-15 所示，分别过直线外一点和直线上一点向直线绘制垂线。

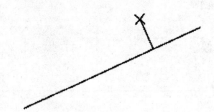

图 3-15　绘制垂线

（二）功能类

1. 选择操作对象

框选或者鼠标右键点击线条可以选择操作对象。框选有以下两种方法：

（1）从右下向左上框选，出现白色虚线选择线框，与选择线框相交即可被选中，被选中的操作对象显示为红色。一般用于多条线条的选择，如图 3-16 所示，同时选取两条直线段。

（2）从左上向右下框选，出现白色虚线选择线框，完全被选择线框包含即可被选中。一般用于选点，或者较小且数量较多的对象，如图 3-17 所示，同时选取三个数据点。

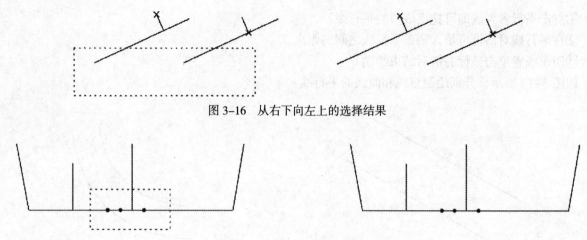

图 3-16 从右下向左上的选择结果

图 3-17 从左上向右下的选择结果

2. 删除

（1）选择删除对象。

（2）按住 Delete 键即可。

提示：在绘制曲线且绘制结束前，可以按住 Delete 键删除错误的曲线点，可以连续删除，删除顺序与绘制顺序相反。

3. 复制

（1）选择复制对象。

（2）按下 C 键。

（3）鼠标左键单击任一端点拖至合适位置松开即可完成复制，如图 3-18 所示。

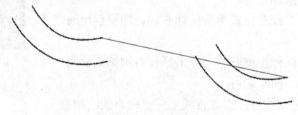

图 3-18 复制操作

提示：此功能多用于需要以原线条为设计参考线的时候。

4. 平移

（1）选择待平移线条。

（2）按住 Shift 键，拖动线条，平移至合适位置即可。

提示：应用此功能时不能点击线条上的点，只能点击线的部分。

5. 旋转

（1）选择需要旋转的对象。

（2）按下 R 键。

（3）鼠标左键点击旋转中心点，点击旋转对象上的另外一个端点。

（4）旋转到合适位置单击鼠标左键即可。如图 3-19 所示，对图形进行旋转。

6. 自动捕捉

（1）鼠标移动到目标线或点，颜色呈高光显示，意味该线或点已捕捉。

（2）在线条绘制的过程中，光标移动到其他线条或者点的附近可以自动捕捉，在高光显示时点击鼠

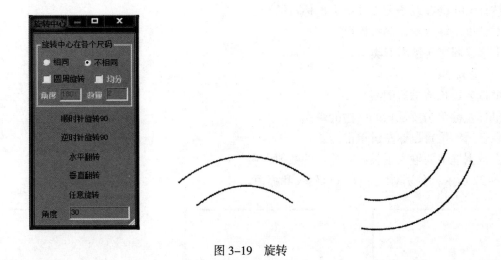

图 3-19 旋转

标左键则会点中该线或该点。

7. 等分

等分可分为线段等分和两点间等分两种情况。

（1）线段等分：

①光标靠近待等分的线段（包括曲线），线段变亮意味被选中，或者选择相连的一组线段。

②按下对应的数字键（只能是 2~9 之间的数字），线段即可被等分。如图 3-20 所示，对直线段和曲线段进行等分。

图 3-20 线段等分

提示：需要做曲线上部分线段等分时可以先将线段断开再做等分。

（2）两点间等分：

①鼠标左键单击起点，之后光标移动到终点，保持捕捉状态。

②按下对应的数字键（只能为 2~9 之间的数字），即可完成两点间距离的等分。如图 3-21 所示，对两个端点之间的距离进行三等分。

图 3-21 两点间等分

8. 设置对象名称

（1）选择对象。

（2）按住 Ctrl 键在线条无点处单击鼠标右键。

（3）对话框中输入对象名称即可。

（三）修改调整所绘图形类

1. 延长与缩短

（1）框选要延长或缩短的线。

（2）鼠标左键单击要延长的一边的端点。

（3）在合适的位置鼠标左键单击。

（4）在数据框中要输入延长或者缩短的数值即可。

如图 3-22 所示，分别对线条①进行延长和缩短。

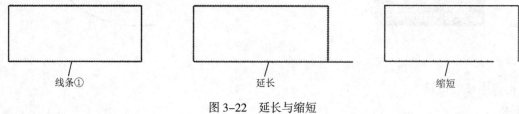

线条①   延长   缩短

图 3-22   延长与缩短

2. 修剪

（1）选择两条相交的线。

（2）在需要剪切的线上单击鼠标右键即可。

提示：如图 3-23 所示，如果有多条线相交于一点，且需以一条为基准，剪切其他线条的多余部分，可以一次选择全部线条，再逐一鼠标右键点击需要剪切的部分。

图 3-23   剪切

3. 断开

断开可以分为单线断开和双线交点处断开。

（1）单线断开：

①选择欲做断开的线段。

②如图 3-24 所示，在断开点处单击鼠标右键，弹出"定点"对话框，设置完成后弹出"是否断开选择对象？"的提示，点击"断开"即可。

（2）双线交点处断开：

①选择两条相交的线段。

②在空白处单击鼠标右键。

③出现"是否断开选择对象？"的提示，点击"断开"即可。

4. 角连接

（1）从右下向左上框选需要角连接的两条线段，相交即可。

（2）再次从右下向左上框选，即可完成两条线段的角连接，如图 3-25 所示。

图 3-24　做单线断开时弹出的"定点"和"提示"对话框

图 3-25　角连接

5. 延长相交

（1）框选需要延长相交的两条直线。

（2）按住 Alt 键，单击鼠标右键，两条直线自动延长并相交于一点，如图 3-26 所示。

图 3-26　延长相交

6. 延长到

（1）框选一根线条。

（2）鼠标左键点击待延长一侧端点。

（3）鼠标左键点击要延长到的另一根线条，系统可以自动捕捉，即可完成延长，如图 3-27 所示。

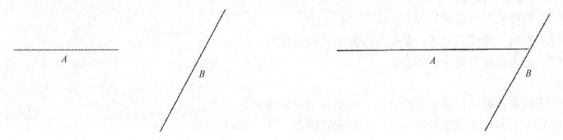

图 3-27　延长到

7. 拉圆角

（1）选择首尾相连的两条线。

（2）鼠标左键点击交点拖动，即可以拉出两边对称的圆角。

（3）在合适的位置松开鼠标，在对话框中输入圆弧切点与两线原交点之间的距离即可。

提示：

①按住 Ctrl 键操作，可以分别设置两边圆角大小，拉出两边不对称的圆角。

②按住 Shift 键操作，则可拉出两边对称的圆角，且保留圆角的两条来源线。

③当拉圆角的两条线并非首尾相连时，需要先处理为首尾连接再操作。

如图 3-28 所示，直线 AC 和 BC 为首尾相连，框选两条线后可以直接拉动 C 点进行拉圆角操作；而 OD 与 AC 并非首尾相连，需要框选 OD 与 AC，在空白处单击右键，将 OD 在 A 点处断开，这时就可以框选 AD 和 AC 后，直接在 A 点处拉出圆角。

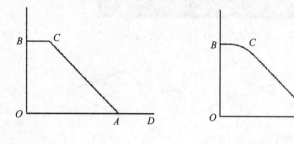

图 3-28　拉圆角

8. 拼合

（1）框选需要拼合的两根线条。

（2）Ctrl 键 + 鼠标右键，即可将这些线条拼接成一条曲线。

（3）Shift 键 + 鼠标右键，为折线连接。

（4）Ctrl 键 +Shift 键 + 鼠标右键，简化为一条直线。

如图 3-29 所示，框选原图形中的两根线条后，按 Ctrl 键 + 鼠标右键后为曲线拼合，Shift 键 + 鼠标右键为折线拼合，Ctrl 键 +Shift 键 + 鼠标右键简化为一条直线，适用于同在一条线上的两条线的拼合。

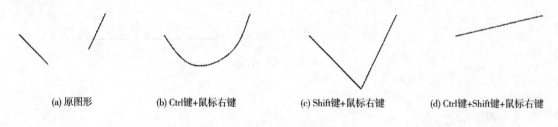

(a) 原图形　　　　(b) Ctrl键+鼠标右键　　　(c) Shift键+鼠标右键　　(d) Ctrl键+Shift键+鼠标右键

图 3-29　拼合

9. 调整曲线形状

（1）选择欲调整形状的线。

（2）在线上曲线点处按住鼠标左键拖动到合适位置。

（3）点击鼠标右键完成调整。

提示：

①当需要调整的位置上没有点时，可以双击鼠标左键加点。

②在多余的点上双击鼠标左键，可以删除该点。

10. 双圆规

（1）按住 Ctrl 键 + "'" 键。

（2）鼠标左键点击直线两个端点，并向外移出。

（3）对话框中输入两条斜线的长度。

（4）鼠标左键点击需要保留的一侧线条，Shift 键 + 鼠标左键单击则两侧线条均保留。

双圆规可以在水平直线的两端绘制已知长度的两条斜线，适用于已知袖肥和前后袖窿曲线长度进行一片袖的设计。如图 3-30 所示为绘制袖肥为 36cm，斜线长度分别为前 AH 和后 AH 的袖山辅助线。

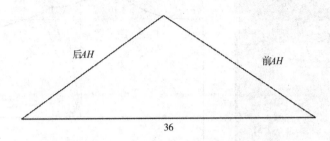

图 3-30　用双圆规功能绘制已知袖肥的袖山辅助线

11. 镜像

（1）选择需要镜像的对象。

（2）按下 M 键。

（3）点击镜像对称轴位置上的两个点，即可完成镜像。

例如：绘制领子时，将半幅纸样通过镜像形成完整的领底和领面，如图 3-31 所示。

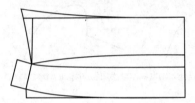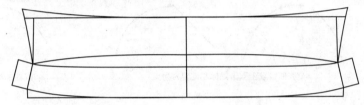

图 3-31　领子的镜像

第三节　智能调整工具

默认工具  主要用于删除、修改、调整、移动、拆分、设置和转换，同时，可以修改部分数据。切换按钮位置如图 3-32 所示。

图 3-32　切换按钮位置

一、修改功能

1. 删除

（1）框选或者点选操作对象。

（2）按键盘上的 Delete 键或使用"删除"工具即可删除对象。

2. 删除曲线点

（1）选择曲线。

（2）在曲线点上双击鼠标左键，即可删除曲线点。

3. 插入曲线点

（1）在曲线上双击鼠标左键，即可插入曲线点。

（2）按下 Shift 键，在曲线上双击鼠标左键，即可通过设置偏移量，精确插入一个曲线点，如图 3-33 所示。

4. 插入拐点

（1）点击曲线。

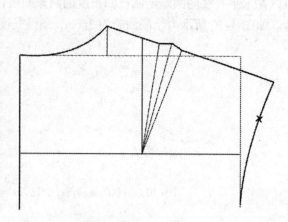

图 3-33　配合 Shift 键精确插入曲线点

（2）按住 Ctrl 键，在曲线点上双击鼠标左键，则曲线点变为拐点；在曲线无点处双击，则自动在该处添加一个拐点，如图 3-34 所示。

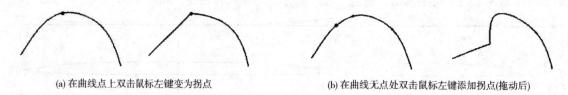

(a) 在曲线点上双击鼠标左键变为拐点　　　　　(b) 在曲线无点处双击鼠标左键添加拐点(拖动后)

图 3-34　插入拐点

5. 通过切线修改曲线造型

（1）选中曲线。

（2）按住 Shift 键，鼠标左键单击曲线端点，通过该端点的切线出现。

（3）鼠标左键拖移切线端点到合适位置松开，即可实现修改曲线造型。

提示：

①在拖移过程中，切线的长度和角度可发生变化。

②在操作过程中，曲线造型随着鼠标左键的拖移跟随变化，方便观察效果。

③在拖移过程中，系统可以自动捕捉一条靠近的线条作为参考线，切线与该参考线形成夹角，鼠标抬起后可以修改角度。

如图 3-35 所示，通过调整切线的长度、角度，控制曲线的造型。

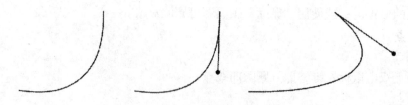

图 3-35　通过修改切线修改曲线造型

二、移动功能

1. 移动端点

鼠标左键拖移该点即可。

提示：按住 Alt 键移动曲线点，可以保持曲线端点处切线不变。

2.移动多个点

（1）按住 Ctrl 键，框选要移动的点。

（2）点击鼠标右键，可以进行水平、竖直偏移。

如图 3-36 所示，对衣长进行整体加长 5cm 的操作。

3.移动对象

（1）框选对象，在选中的对象上按下鼠标左键拖动即可；在选中对象的点上按下鼠标左键，在数据框中设置距离，可以精确移动。

（2）框选对象，点击鼠标右键结束，按下鼠标左键在任意位置拖动，可任意移动对象。

（3）框选对象，按下 Shift 键，单击鼠标右键结束，弹出"线偏移"对话框，可以设置水平或者竖直方向的移动距离，进行精确移动。

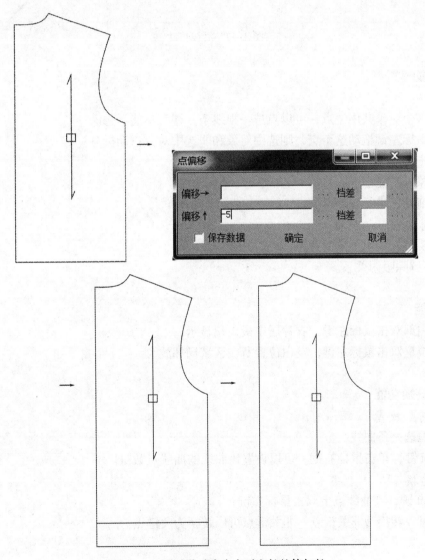

图 3-36　通过移动多个点对衣长整体加长

（4）框选对象，点击鼠标右键结束，此时将对象移动到某点上，还可以以该点为参考点，在数据框中输入水平方向偏移的数据、竖直方向偏移的数据，进行以某点为参考点的精确移动。

（5）拖动鼠标右键，移动绘图区，即背景和图形可以一起移动。

4. 移动裁片

在裁片内部空白处，按下鼠标左键拖移即可。

5. 沿线移动对象

（1）框选需要移动的对象。

（2）按住 Alt 键，在某一点上按下鼠标左键，该点必须既在需要移动的对象上，又是在移动路径移动的参照点上。

如图 3-37 所示，直线段以 A 点为基准点在曲线路径上移动。

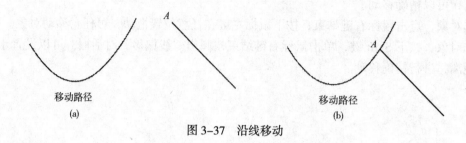

图 3-37   沿线移动

三、拆分功能

1. 拆分点

（1）如果有多个对象共用一点，可以点选一根线条，注意不能框选。

（2）再按下鼠标左键拖动这个点，则选中对象和非选中对象自动拆分。

2. 拆分吸附点

（1）点选对象，不能框选。

（2）在点上拖动，进行自动拆分。

3. 解除吸附关系

（1）点选需要解除吸附关系的对象。

（2）按 F6 键解除吸附关系。

四、放大功能

（1）在衣片内部双击鼠标左键，衣片居中最大化显示。

（2）在空白位置双击鼠标左键，空白位置所在区域局部放大。

五、设置与转换功能

1. 设置曲线点数量

（1）点选或框选一条曲线。

（2）按住 Ctrl 键，单击鼠标右键，可以设置该曲线的曲线点数量。

2. 关键点转换

（1）按住 Shift 键，在曲线点上双击鼠标左键；

（2）关键点可以转换为非关键点，非关键点可以转换为关键点。

第四节   智能测修工具

智能测修工具 ![icon] 主要用于测量直线、曲线、两点间、某个夹角的具体数值，同时，可以修改这些数据。切换按钮位置，如图 3-38 所示：

点击测修工具按键也可进入：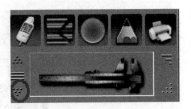。

图3-38　测修工具切换按钮位置

一、直线测修

（1）鼠标左键依次点击直线的两个端点，拉出测量数据线。

（2）在数值上双击鼠标左键，即可出现"尺寸修改"对话框。

（3）设置修改数据，完成后确定即可。

如图3-39所示，对长度为37.9cm的直线进行测量，双击数据37.9，弹出"尺寸修改"对话框，将长度设为50cm。

提示：在"尺寸修改"对话框中，各选项含义如下：

①相对档差：勾选此选项，可以设置两个相邻尺码之间的档差。

②累计档差：勾选此选项，可以设置相对基码的档差。

③百分比：勾选此选项，按照比例百分数的形式修改数据。

④修改切线：勾选此选项，对应于曲线的角度测量，通过端点处切线来进行。修改角度，即是修改切线的角度，相应的，与该切线相切的曲线的形态随着切线角度的修改而发生变化。

⑤增加：用于增加变量。在测量某个长度或者角度后，可以在"增加"前面的空格里输入变量名称，点击"增加"确定即可设定。注意完成设置后需要点击"尺寸修改"数据框的"取消"按钮，否则数据会被修改。

⑥表达式：通过表达式来增加变量。首先勾选"表达式"，注意表达式前面空格里的"@"符号不能删除，这个符号代表已测得的数据，直接对其进行表达式设定即可。例如：需要设定变量1为所测得数据的2倍再多2，则此处表达式为"@*2+2"。

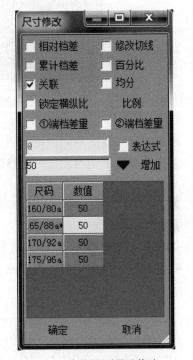

图3-39　直线的测量及修改

二、曲线测修

（1）鼠标左键直接点击曲线，则可测量曲线长度。

（2）双击测量数值则出现"尺寸修改"对话框，可以根据需要修改数据，完成后"确定"即可；或者将数据定义为变量，设置变量名称完成后点击"增加"，弹出"添加部位成功"的提示，确定后回到"尺寸修改"对话框，注意必须点击"取消"按钮完成添加。

如图3-40所示：选择测修工具，鼠标左键点击前领孔曲线进行长度测量，双击数据，弹出"尺寸修改"对话框，在"增加选项前"编辑"前领孔曲线长"，点击"增加"按钮，弹出右侧"提示"对话框，确定后在"尺寸修改对话框"中点击"取消"按钮完成。

提示：

①鼠标左键点击曲线两个端点，拉出测量数据线。

②根据拉出方式的不同，可以测量曲线两个端点间的水平距离、竖直距离、直线距离。

三、两点测修

（1）鼠标左键依次点击两个点，拉出测量数据线。

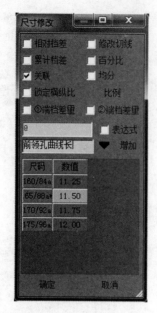

图 3-40 尺寸修改和提示对话框

（2）根据拉出方式的不同，可以测量曲线两个端点间的水平距离、竖直距离、直线距离。

（3）双击测量数值则出现"尺寸修改"数据框，可以根据需要修改数据，完成后"确定"即可。

四、夹角测修

（1）鼠标左键依次点击形成夹角的两根线条，拉出角度测量数据线。

（2）选择合适的测量路径，鼠标左键单击，则会在该位置出现角度数据标注。

（3）双击测量数值则出现"尺寸修改"数据框，可以根据需要修改数据，完成后"确定"即可，如图 3-41 所示。

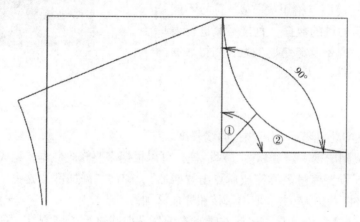

图 3-41 夹角测修

第四章　纸样设计中心其他工具

◆本章知识
1. 制板工具
2. 修板工具
3. 图像工具
4. 其他工具

◆学习目标
1. 了解纸样设计中心的全部工具
2. 掌握常用工具的用途和用法
3. 理解和掌握放码工具的用途和用法
4. 了解和掌握图像工具的用途和用法
5. 了解和掌握其他工具的用途和用法
6. 能够独立完成纸样设计

　　纸样绘制时需要用到的工具，"一支笔"基本能够满足。其他工具在各自功能范围内发挥作用，使功能更加完善，弥补了"一支笔"模式的不足。

第一节　制板工具

一、点

　　点 ![点] ：用于绘制任意点和双圆规点。

　　（1）任意点：在任意空白处单击鼠标左键，即可添加一个点。注意：必须是空白处。

　　（2）双圆规点：点和点、点和线、线和点、线和线之间均可用鼠标左键点击两个位置，拉出双圆规后，在需要保留一侧点击鼠标左键。注意：配合 Ctrl 键单击鼠标左键，只保留单个点；配合 Shift 键单击鼠标左键，保留镜像关系四条线，如图 4-1 所示。

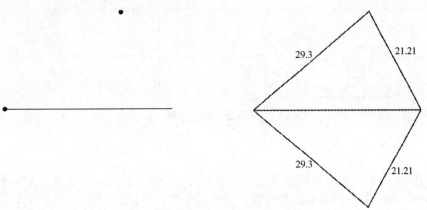

图 4-1　配合 Ctrl 键和 Shift 键应用双圆规功能的绘图效果

二、圆

圆 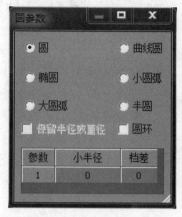：用于绘制圆形及相关图形。

从圆心位置拖动鼠标左键，到达目标位置松开鼠标即可完成绘制，可以设置半径长度和档差。在"圆参数"设置对话框（图4-2）中选择不同选项时，可以得到不同的绘制结果。

（1）圆：选择"圆"选项，可以绘制圆形。

（2）大圆弧：选择"大圆弧"选项，可以绘制大于180°的圆弧。

（3）小圆弧：选择"小圆弧"选项，可以绘制小于180°的圆弧。

（4）椭圆：选择"椭圆"选项，可以绘制椭圆。

（5）曲线圆：选择"曲线圆"选项，可以绘制圆形，与"圆"所绘制图形的区别在于圆上均匀分布8个点。

（6）半圆：选择"半圆"选项，可以绘制180°的圆弧。

提示：以上功能可以同时配合选项：保留半径或直径、圆环。

图4-2 "圆参数"对话框

三、矩形

矩形 ：用于绘制矩形及正多边形。

选择"矩形"工具，自动弹出"多边形"对话框，通过设置"边数"来绘制不同边数的图形。

（1）首先输入边数。

（2）即可拖移鼠标画出正多边形。

（3）当输入边数为"4"时，即可画出矩形，可在数据框中设置长、宽值。

注意：矩形可以输入不同的长、宽值；其他多边形边长相等，为正多边形。多边形对话框及正六边形绘制如图4-3所示。

 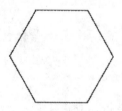

图4-3 "多边形"对话框及正六边形绘制

提示：配合 Ctrl 键，可以画出直角在右下位置的半矩形框；配合 Shift 键，可以画出直角在左上位置的半矩形框，如图4-4所示。

图4-4 半矩形框

四、省

省 ：此功能主要用于加省和褶以及与省、褶相关的设置。此功能不同的软件操作对象可能不同，有的针对纸样加省、褶，有的则只对裁片有效，有的则纸样和裁片都支持。Kimo软件的"省"功能是针对纸样进行操作的。

（一）加省

（1）选择"省"工具后，出现加省设置对话框，根据需要选择省类型（注：省的类型包括丁字省、工字褶和菱形省）。

（2）点击加省基准点。

（3）点击省打开线。

（4）点击省中心线方向。

（5）输入参数。

（6）单击鼠标右键确认即可添加省山，完成整个省的绘制。

提示：

①"距离"设置：当勾选"中间省"时，距离指省中心点到基准点的距离；当未勾选"中间省"时，距离指省的一个端点到基准点的距离。

②"宽度"指省的宽度。

③"长度"指省长。

④确认前，可以拖动省尖，改变省位置；如果按下 Ctrl 键并拖动省尖到某个点上，则省尖自动延长到该点上。

⑤确认前，在基准点上点击，可以改变打开方向。

⑥点击鼠标右键确认前，在加省线上，按下 Ctrl 键并且点击某点，则该点为锁定点（注：锁定点为控制省打开线变形程度的分界点，省所在一侧变化较大，锁定点另一侧变化微小）。

⑦当省类型选择"丁字省"时，"加省"对话框中，"褶裥"是指省开口端省的两条边线平行的长度；"中间省"如果勾选，则当"距离"设为 0 时，省中心线的位置在加省基准点；如果不勾选，则当"距离"设为 0 时，省的一个端点在加省基准点，如图 4-5 所示。

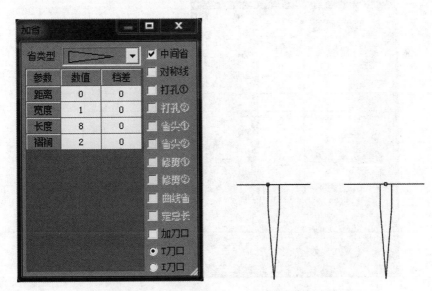

图 4-5　省开口端带有一小段平行距离的丁字省

⑧当省类型选择"工字褶"时，"加省"对话框中，"距离"为"工字褶"开始位置到加省基准点间的距离；"宽度 1"为开口端工字褶宽度，"宽度 2"为另一端宽度；"长度"为工字褶长度。勾选"封闭"可以设置"宽度 2"一端开口状态，如图 4-6 所示。

⑨当省类型选择"菱形省"时，加省对话框中，"距离"为菱形省中心线位置到加省基准点间的距离；"宽度①②"为菱形省左右半省宽度；"长度①②"为菱形省上下省长；"褶裥①②"为上下半省两条边线平行的长度。勾选"对称线"时，则在加省的同时绘制中心直线；勾选"修剪①②"，则可以设置对

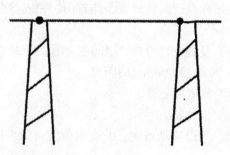

图 4-6 勾选"中间省"和未勾选的宽度不等的工字褶

应半省多余部分被线条修剪掉的菱形省；勾选"曲线省"，则省的两边曲度饱满，否则比较平直，接近折线；勾选"定总长"时，可以设置整个菱形省的长度，当其中一边半省长度给定时，则另一半自动计算，如图 4-7 所示。

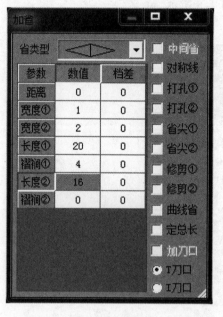

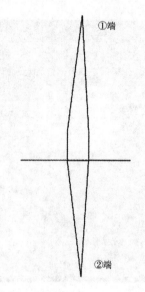

图 4-7 菱形省的绘制

因为有其他辅助点或线定长的菱形省比较常见，软件开发了专门的简单形象的定长菱形省画法。

（二）定长菱形省

在如果有两点或者两条线之间加一个定长度的菱形省，需要按下 Ctrl 键，点击此两点或两条线，此时会拉出一个定长菱形省，然后再确定菱形省的中间位置即可。如图 4-8 所示，已知两个省尖点，绘制定长菱形省。

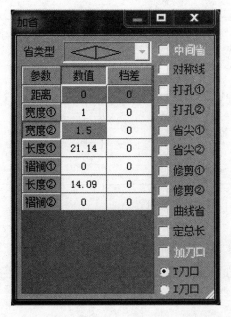

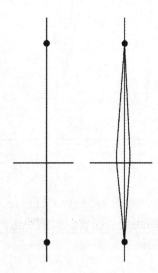

图 4-8　定长菱形省的绘制

（三）省山取反

鼠标左键双击省山箭头一侧的边线，可以调整省山为对向省倒向侧，如图 4-9 所示。

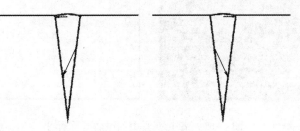

图 4-9　省山取反

（四）省编辑

鼠标左键双击省山顶点，弹出"省编辑"对话框，可以重新编辑省长及档差，设置完成后确定即可。"省编辑"对话框如图 4-10 所示。

（五）省解散

鼠标右键双击省尖，弹出"解散省"对话框，可以选择是否保留省山。"解散省"对话框如图 4-11 所示，解散后作为省标志的箭头消失。

（六）线转省

按下 Shift 键，并框选两条相交于一点的线，单击鼠标右键结束，即可转换为省。注意：此功能一般用于丁字省。

如图 4-12 所示，在绘制裙子腰头时设计好腰省结构线，如果需要转变为"省"性质的结构，需要先将中心线删除，选择"省"工具，配合 Shift 键，鼠标左键框选省的两条边线，单击鼠标右键即可。A 省为在"加省"对话框中勾选"对称省"和"中心线"的结果，B 省为在"加省"对话框中勾选"对称省"但未勾选"中心线"的结果。

（七）结构线省山

按下 Alt 键，并框选两条相交于一点的线，单击鼠标右键结束，在省的右边点击鼠标右键，省山向右倒；在省的左边点击鼠标右键，省山向左倒。

图 4-10　"省编辑"对话框

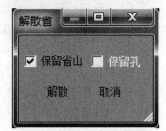

图 4-11　"解散省"对话框

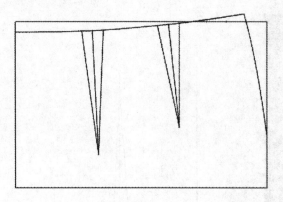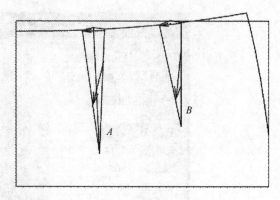

图 4-12 线转省案例

　　如图 4-13 所示，对图 4-12 中 A 省执行 Alt 键 + 框选命令，弹出"结构线省山"对话框，"孔位置"为打孔位置到省尖的距离，在省倒向侧单击鼠标右键，结构线省山绘制完成。省的全部线条保留结构线的性质，没有代表省性质的箭头。

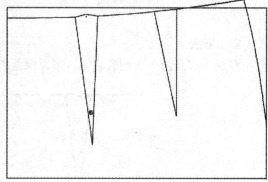

图 4-13 "结构线省山"对话框及案例

（八）移动省

　　用默认工具 ，拖动省或褶的端点，可直接移动整个省或褶，并且与之相连的边线自动跟随调整。

（九）旋转省

　　用默认工具 ，在省尖或褶的另一边，按下拖动旋转点，可旋转省或褶。（注意此功能，只改变省或褶的方向，区别于转省。）

五、转省

　　转省 ：此功能用于将结构图上的原有省量，部分或全部转移到其他位置；零部件（如口袋等）的跟随转省。操作方法如下：

　　（1）选择待转省，点击白色箭头切换转省方向，即需要选择轮廓线的方向。

　　（2）依次选择白色箭头所在一侧的轮廓线，至新省位的断缝处，单击鼠标右键结束。

　　（3）选择新省位或相关的断缝线（如果省道穿过断缝则为两条），单击鼠标右键结束。

　　（4）在空白处单击鼠标右键，弹出"转省"对话框，根据需要选择"比例""角度""距离"等方式进行转省。提示：系统会根据不同方式自动给出原始数据。

　　（5）转省完成后，根据实际情况，绘制轮廓线，继续完成纸样。

　　提示：

①操作前先将多余的线条删除，新省位置的外轮廓线断开。

②可以将一个待转省的省量转移到多个新省位置，勾选"做省"选项，则新省位自动生成新省。

如图4-14所示，将日本文化式第八代女装原型前片袖窿省全部转移到腰省，先将多余的线条删除，腰部新省位处外轮廓断开；鼠标左键点击袖窿省，省的一侧出现白色箭头，箭头所在侧的外轮廓线为需要旋转的部分，可以通过点击箭头改变箭头所在位置；依次点击带旋转部分外轮廓线，单击鼠标右键结束；点击新省位，单击鼠标右键结束；在空白处单击右键，弹出"转省"对话框，根据需要选择"比例""角度""距离"等方式进行转省，确定后即可完成转省。

③如果省道穿过断缝线，则涉及的断缝线均需要选中。

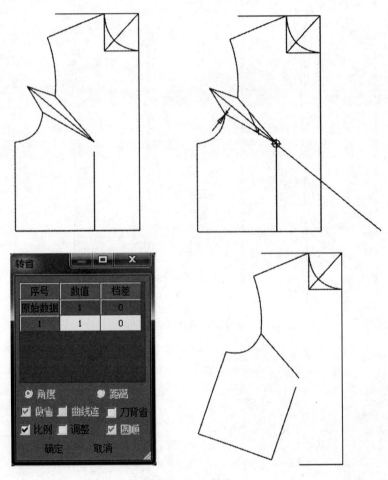

图4-14　转省

④对话框中"做省"选项，如果勾选，则省穿过断缝后的省与不穿过断缝的省各自独立，否则仍为一个省。

⑤对话框中"曲线连"选项，如果勾选，则省闭合后轮廓线在省位处拼合，否则不拼合，在省位处断开。

如图4-15所示，袖窿省量全部转移到断缝中，腋下片的省量全部转移到肩部断缝中，前中片还有部分省依然保留，操作时在选择断缝线时两条均需要点击。

⑥对话框中"调整"选项，如果勾选，则转省后新生成的省的两条边长自动保持相等。

⑦对话框中"圆顺"选项，如果勾选，则省闭合后轮廓线自动圆顺。

⑧对话框中"刀背省"选项，当待转省不经过刀背线时，需要勾选此项，则待移省量转移至刀背省。

⑨做跟随转省时，零部件注意配合Ctrl键和Shift键。选择转省线后，按下Ctrl键或按下Shift键选

择该转省线的跟随转省对象。按下 Ctrl 键，跟随对象和转省线无关；按下 Shift 键，跟随对象会和转省线捆绑跟随。如图 4-16 所示为配合 Shift 键完成的跟随转省，部件的边线与新省位展开线紧紧贴靠在一起。

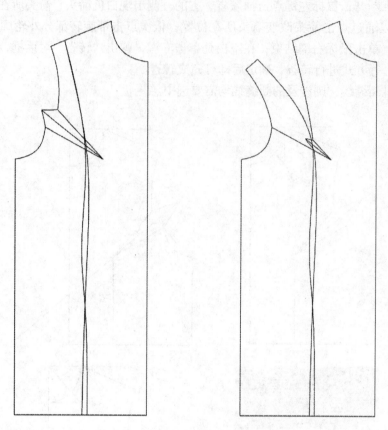

图 4-15　省量转移到穿过省道的断缝中

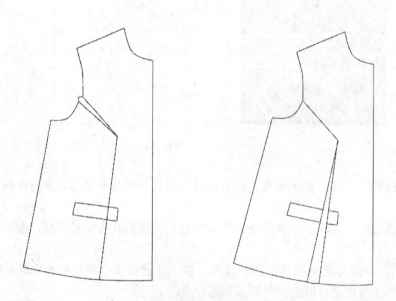

图 4-16　配合 Shift 键完成的跟随转省

　　⑩转省：鼠标左键点击待转省，单击鼠标右键结束；依次点击新省位，单击鼠标右键结束，在弹出的"转省"对话框中分别设置不同省位的转省量，确定即可。

六、加褶

加褶 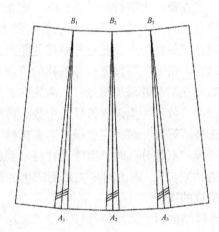（此处为图标）：此功能用于添加褶量。

（1）框选加褶封闭区。

（2）框选或点选加褶线。

（3）配合 Ctrl 键点选两个点可固定某侧。

（4）选择加褶类型（单褶、明褶、暗褶），在对应的位置输入数据即可加褶。

提示：

①在每条加褶线的箭头上双击鼠标左键，可改变所有折叠方向。

②配合 Ctrl 键鼠标左键双击箭头，可单独改变一个褶的折叠方向。

③褶的 A 端和 B 端可以分别设定不同的数值。

④当输入 A 端或 B 端数值时，如果数值相等，只需输入第一个位置的数值，然后从上向下拖动鼠标，即可将整列数据改为该数值。

⑤可以设置 A 端或 B 端的褶深及档差。

⑥可以设置对应位置的孔距、孔半径、孔偏移及档差。

如图 4-17 所示，在中间的三条直线所在位置添加相同的单褶，A 端褶宽为 3cm，B 端褶宽为 0，褶深未设置，默认为 AB 长度。勾选"使用斜线"选项，"条数"设为 3，"开始"设为 2cm，"间隔"设为 0.5cm，则在暗褶上同时自动生成数量为 3 的斜线，以表示单褶的倒向方向；斜线从端点开始 2cm 处出现，向下顺延；斜线间隔为 0.5cm。

图 4-17 加褶案例

褶解散：鼠标右键双击褶，即可以解散褶。

褶山取反：在褶山标记箭头处，双击鼠标左键，可取反褶山。

编辑褶深：鼠标左键双击褶，可以直接改变褶深。

七、符号

符号 （图标）：此功能用来添加各种符号，主要的符号类型如图 4-18 所示，常用的有扣眼纽扣、刀口类型、褶裥、各种箭头等。具体操作方法为：

（1）选择"符号"工具，即可调出"符号"设置对话框。

（2）在"类型"里选择合适的符号。

（3）在合适的位置鼠标左键单击。

（4）弹出"符号"设置对话框，设置符号距离当前位置水平、竖直偏移量以及相应档差值。

（5）完成后确定即可添加相应符号。

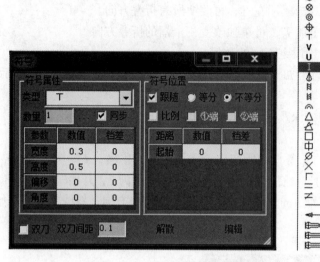

图 4-18　"符号"对话框和符号类型

提示：

①线条的两个端点不能点击。

②当在纸样结构图上进行符号添加时，鼠标左键点击合适位置后，会出现一条白色短线，用于指示符号方向；当在裁片上进行符号添加时，则系统可以自动确定符号方向。

③可以在"高度""宽度"里设置符号的大小及相应档差。

④可以在"偏移"里设置符号偏移的距离及相应档差。

⑤可以在"角度"里设置符号偏移的度数及相应档差。

⑥当需要在端点处添加符号时，需先在其他位置添加，再将"起始"数值改为"0"即可。

⑦可以在"数量"里设置符号的个数，再根据需要选择"等分""不等分"。

⑧当选择"等分"时，需要根据需要选择"①端""②端"，分别代表"起点"和"终点"。

⑨当选择"不等分"时，需要设置符号到起始端的距离，和相邻两符号之间的间隔大小。

⑩勾选"同步"，则由同步关系所产生的符号基准线，均会同时添加符号。例如由"复制""对称"等工具所生成的线条。

⑪在纸样结构图上添加的符号，在"取片"时会自动生成在裁片上。

⑫当勾选"跟随"选项时，在符号基准线进行调整时，已设定好的符号会自动跟随变化。

⑬符号删除：打开"符号"工具，框选需要删除的符号，按"Delete"键即可删除。

⑭编辑符号：打开"符号"工具，框选需要编辑的符号，点击"符号"对话框中的"编辑"，可重新设置这些符号的参数，完成后单击鼠标右键确定即可。

如图 4-19 所示为使用"符号"工具在衣身上添加扣眼的情况。

八、圆顺

圆顺 ▩：此功能用于生成腰头等需要圆顺部位的轮廓线或板型。

（1）按照圆顺顺序点选或框选圆顺线，单击鼠标右键结束。

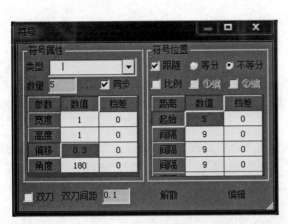
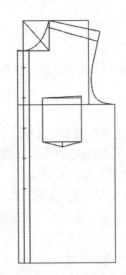

图 4-19 使用"符号"工具添加扣眼

（2）点选圆顺线起始端，依次点选连接线，完成一个样片后，视另一个样片是否需要镜像，选择是否勾选"镜像"按钮，再依次点选连接线，单击鼠标右键结束。

（3）进入曲线修改状态，鼠标左键修改曲线，设置参数，单击鼠标右键完成。

提示：

①在点选连接线的过程中，可以随时拖动圆顺线到任意位置。

②选项"拼合"选中，则圆顺后的线为一条线；否则为几条断开线。

③选项"线偏移"选中，则可以自由移动新生成的圆顺线；否则位置不能移动。

④选项"修正省"选中，可以在圆顺过程中自动将省的两条边长修正为等长。

⑤以腰头为例，平行距离内输入腰头宽度，后面可以输入档差。缝边量可以设置腰头缝份大小，后面输入档差。

⑥选项"回原位"选中，则圆顺线回到起始位置。

⑦选项"整体"选中，则生成一个完整的腰头轮廓线，否则为在省线处断开的几个裁片。

⑧选项"方向取反"选中，则腰头生成在腰线另外一侧。

⑨选项"90°"选中，则腰头下角为90°，否则为与省线自然夹角大小。

⑩选项"样片"选中，则自动生成腰头裁片，否则为纸样；选项"切割"选中，则裤子腰部变短，腰头直接裁断。

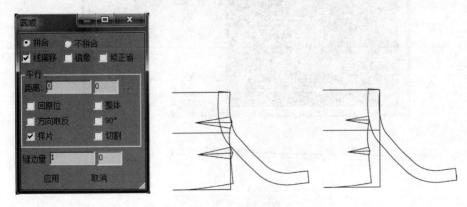

图 4-20 圆顺案例

九、文字

文字 ![icon]：此功能用于在绘图区添加文字。操作步骤如下：

（1）选择"文字"工具后弹出"输入字体"对话框，在文本框中输入文字。

（2）设置文字格式。

（3）在绘图区域适当位置，鼠标左键放置文字即可。

十、取片

取片 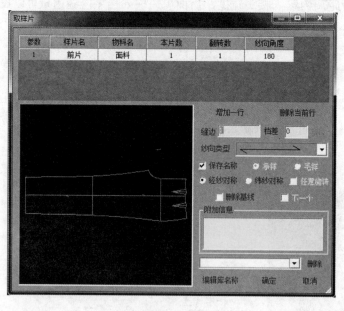：此功能用于样片取出。取片有以下三种方法：

（1）方法1：按照轮廓线顺序选择边线，点击鼠标右键，选择内部线，点击鼠标右键，完成"取片"对话框设置，确定后取出样片。

（2）方法2：从下往上框选，即可将全部线条选中，按住Ctrl键，逐个选择构成裁片的封闭区域，在封闭区域内鼠标左键单击选择，直到全部选到，点击鼠标右键，完成"取片"对话框设置，确定后取出裁片。

（3）方法3：从上往下框选，可取出选中线条所组成的最大封闭区域，形成裁片。

提示：

①"取片"工具会自动添加裁片信息、布丝方向和缝边，需要在"取样片"对话框中进行设置。

②当默认生成的布丝方向不符合要求时，鼠标左键直接在"取样片"对话框中缩略图上的布丝方向拖拽，或者在"纱向角度"中输入需要旋转的度数。

③缝份大小直接在"缝边"中输入数值即可，个别数值不同的缝边在完成取片后用"修缝"工具个别修改。

④按下"纱向类型"右边黑色三角，在下拉菜单中可以选择纱向箭头的形式。

⑤可以根据需要选择是否"删除基线"。

⑥取片时可配合"放大"和"移动"功能操作。

⑦在"取样片标志"对话框中，勾选"封闭区"时，则取出样片型封闭区。

如图4-21所示为将裤片取出，并进行样片名称、缝边大小及档差、布丝方向等设置。

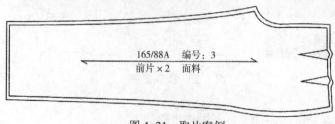

图4-21 取片案例

十一、点分

点分 <kbd>点分</kbd>：用来对两点间直线距离等分、对线条进行等分、对局部曲线进行等分。

（一）两点间直线距离等分

操作步骤如下：

（1）选择"点分"工具。

（2）依次点选点1、点2，单击鼠标右键结束。

（3）根据需要按对应的数字键进行等分，单击鼠标右键确认即可。

如图4-22所示，虽然AB之间有折线连接，但是点分工具直接对AB间的直线距离进行等分。

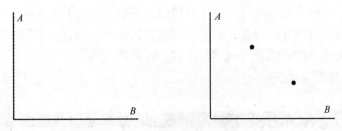

图4-22　两点间直线距离等分

（二）线条等分

操作步骤如下：

（1）框选或点选一组首尾相连的线，单击鼠标右键结束。

（2）在对话框中输入等分数量。

（3）在等分点上选择需要的点，单击鼠标右键结束即可。

如图4-23所示，为对首尾相连的曲线和直线这组线条进行等分，框选2条线段后右键结束，在对话框中输入3，右键即可完成三等分。

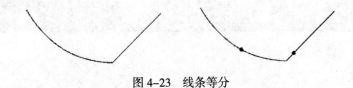

图4-23　线条等分

（三）局部曲线等分

操作步骤如下：

（1）依次点选曲线上两点，单击鼠标右键结束。

（2）点选曲线。

（3）根据需要在对话框中输入对应的数字键进行等分，单击鼠标右键确认即可。

如图4-24所示，为对曲线上的AB两点间部分进行五等分。

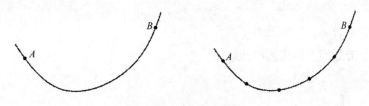

图4-24　局部曲线等分

十二、填充

填充 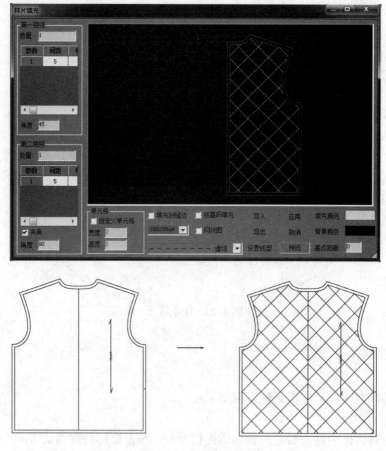：用于羽绒服的填充设置。

1. 线填充

（1）在衣片净边上选中基准点。

（2）选择一个填充方向（点击基准点两边净边线）。

（3）在弹出"样片填充"对话框中进行数据设置，完成后点击"应用"即可。

提示：

①可以根据需要进行第一组线条数量以及线条间距和角度、第二组线条数量以及线条间距和两组线条夹角的设置，点击预览可以查看效果。

②当每组线条多于一条时，间距需要设置不同数值，否则效果与单条相同。

③设置好的填充方案，可以导出保存，下次使用时直接导入即可直接应用。

④当裁片为对称展开裁片时，需要点击"对称轴"作为净边线。

如图 4-25 所示为网格填充案例。

图 4-25　线填充案例

2. 编辑填充线

（1）鼠标左键在填充后的衣片基准点上点击。

（2）鼠标左键再点击基准点两边的净边线。

（3）调入填充线参数进行编辑。

3. 编辑菜单

（1）在填充后的衣片任一净边线上，点击鼠标右键，弹出填充菜单。

（2）可以进行"重设基点""重新编辑""显示填充线""隐藏填充线""显示所有填充线""隐藏所有填充线""删除当前填充线""删除所有填充线"操作。

提示：如果选择"重设基点"，在重新点击基准点时，按下 Ctrl 键，可以弹出对话框，设置基点偏移距离。

4. 快捷删除

框选衣片，按下 Delete 键即可快速删除。

5. 边填充

按下 Ctrl 键，鼠标左键点击净边线或内线，弹出"边填充"对话框，设置后"确定"即可实现边填充。如图 4-26 为边填充案例。

 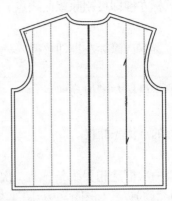

图 4-26　边填充案例

6. 删除边填充

在填充的边上，单击鼠标右键，选择"删除当前填充线"即可。

7. 区域填充

（1）按下 Shift 键，连续点击区域的各条边，选择完成后单击右键结束。

（2）选择基准点，选择一条填充方向（与"线填充"相同）。

十三、编辑

编辑 ![icon]：此功能用于屏幕截图后通过矢量提取后的图形编辑，这是非常有特色的一个工具。

（1）选择"打开"工具，打开一个屏幕截图文件。

（2）选择"矢量"工具，点击该文件，自动进入"图形编辑"，可以对图形进行自由操作和修改。

（3）完成后点击"添加图形"，即可将编辑后的线条定义为系统里的线条，系统里的任意工具可以对其进行二次编辑。

如图 4-27、图 4-28 所示为"矢量提取"工具对话框和"图形编辑"对话框。

 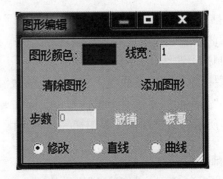

图 4-27　"矢量提取"工具对话框　　　　图 4-28 "图形编辑"对话框

图形编辑功能介绍：

1.画线

选择对话框里的"修改"选项，即可进入修改状态。选择对话框里"直线""曲线"选项，即可进入画线状态。

2.水平校正直线

在有误差的一端鼠标左键双击直线，则自动与另一端保持水平。

3.竖直校正直线

在有误差的一端鼠标左键双击直线，则自动与另一端保持竖直。

4.删除曲线点

在曲线点上双击鼠标左键即可删除该曲线点。

5.插入曲线点

在曲线上合适的位置双击鼠标左键即可插入一个曲线点。

6.移动曲线点

直接在曲线点上单击鼠标左键拖动即可。

7.优先捕捉点

先选中线，则线上的点优先捕捉。

8.延长修剪

在修改状态下，第一次框选相关线条，第二次框选线条的端点，如果端点处线条不相交则自动"延长"，如果相交则自动"修剪"，如图4-29、图4-30所示：

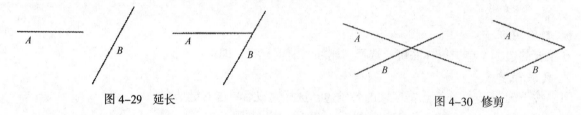

图4-29　延长　　　　　　　　　　　　　　　　　　　图4-30　修剪

9.删除线条

先框选线条，按键盘上的 Delete 键即可删除。

10.合并直线

框选相关直线，按住 Ctrl 键，右键即可将所选直线合并成一条直线。

11.合并曲线

框选相关曲线，按住 Shift 键，右键即可将所选曲线合并成一条曲线。

12.延长缩短

框选一根线条，点击端点，即可将该线条延长或缩短。

十四、两袖

两袖 ▦：此功能专门用于两片袖结构图的绘制。

（1）先绘制袖山曲线。

（2）点击鼠标左键选中该曲线，在空白处单击鼠标右键。

（3）弹出"两片袖"设置对话框，根据实际需要设计完成确定即可。

如图4-31所示为通过两袖工具快速完成一个两片袖的绘制，"两枚袖"对话框和结构图。

十五、泡袖

泡袖 ▦：此功能用于绘制泡袖纸样结构图。

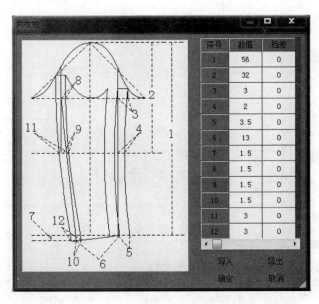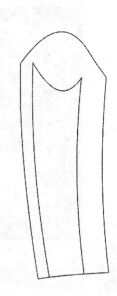

图4-31　两片袖绘制

（1）选择一条或一组首尾相连的线条（即袖山线），单击鼠标右键结束。

（2）点选或框选展开线，单击鼠标右键结束。

（3）设置"曲线展开"对话框数据，完成后在空白处单击鼠标右键确定即可。

展开线上的箭头表示折叠方向，在箭头头部双击鼠标左键可以取反方向。曲线两端的箭头表示定长拉伸方向。

提示：

①曲线连：可以根据需要选择"光滑"和"调整"两个选项，"光滑"为展开时曲线自动圆顺；"调整"为展开时，按照展开线和曲线的垂直方向展开。

②做省：有两种省型可以选择，表格里，省长选项为0表示使用原来展开线的长度作为省长。如图4-32所示为泡袖——做省的绘制案例。

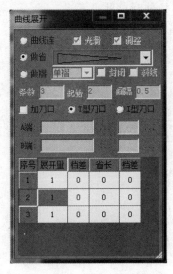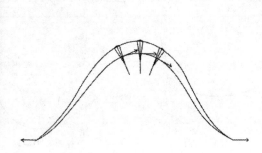

图4-32　泡袖——做省的绘制案例

③做褶：可以选择各种褶型，以及设置A端和B端的展开量，单击鼠标右键确定即可。如图4-33所示，为泡袖——做褶的绘制案例。

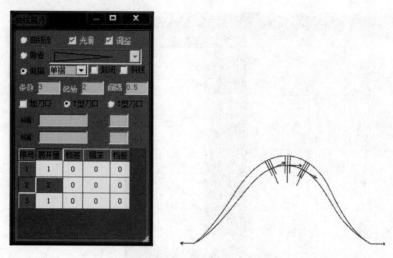

图4-33　泡袖——做褶的绘制案例

十六、删除

删除　：此功能用于删除线条。

（1）点选或框选屏需要删除的线条。

（2）点击"删除"按钮即可删除。

第二节　修板工具

一、拉伸

拉伸　：此功能可以实现"自由拉伸""对话框拉伸""加点""删除点""设置曲线长度""关键点转换""给定方向拉伸""平行拉伸"。

1.自由拉伸

（1）直接在点上按下鼠标左键拖动即可自由拉伸，拉伸距离可以精确设置。

（2）按下Ctrl键，鼠标左键点选可设置某点为固定点，拉伸时这些点不动。

（3）"拉伸"工具默认设置为"不捕捉"状态，按下Alt键可以转换为"捕捉"状态，靠近时自动捕捉到目标点或线。

提示：

①"拉伸"工具与"线条"工具下调整线条功能的区别在于："拉伸"工具对一个点操作时其他点按比例跟随调整，而"线条"工具下调整线条时，只有被调整的点位置变化，其他点的位置不发生变化，如图4-34所示。

　　　(a) 调整前　　　　　　　　(b) 拉伸工具调整　　　　　　　(c) 线条工具调整

图4-34　曲线调整

②同时框选多根线条，则被选中的线条同步拉伸移动，如图4-35所示，框选衣身下摆，可以一次完成拉伸。

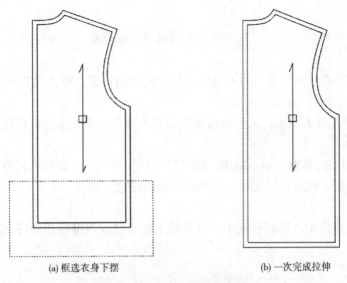

(a) 框选衣身下摆　　　　　　　　　(b) 一次完成拉伸

图 4-35　衣身下摆拉伸案例

2. 对话框拉伸

点选或框选相关点，单击鼠标右键结束弹出对话框，可以通过设置具体数值实现准确地水平或竖直方向的拉伸。

如图 4-36 所示，框选衣身下摆后弹出"拉伸"对话框，设置后会出现虚拟现实，确定后完成。

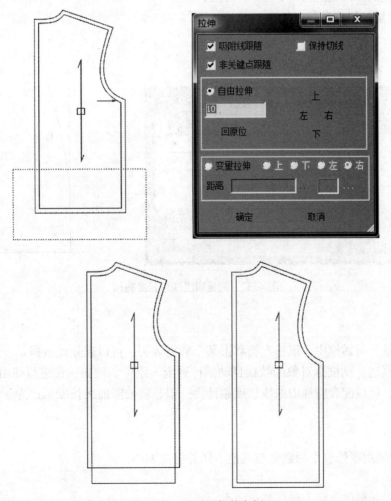

图 4-36　对话框拉伸案例

3. 加点删除点

在曲线上左键双击可增加一个点，双击曲线上的点可删除该点。

4. 设置曲线长度

点选一条曲线，在数据输入框中可以直接输入这个曲线的长度，则为设置曲线长度功能。

5. 关键点转换

按下 Shift 键，在曲线点上双击，关键点可转换为非关键点，非关键点可转换为关键点。

6. 给定方向拉伸

按下 Shift 键框选，则拉伸点会显示箭头，旋转箭头到指定方向，则按指定方向拉伸，按下 Ctrl 键旋转箭头，则两个箭头解锁，此时可以把每一个箭头旋转到任意方向。

7. 平行拉伸

鼠标左键单击某条线选中，然后在选中的这条线上按下鼠标左键拖动即可，数据框中可以精确设置拉伸的数值。

二、多测

多测 [图标]：用于测量多组线条长度的和或差。操作步骤如下：

（1）点选或框选，点选能够测量线条长度、线条两个端点之间的水平、竖直差值、线条之间的角度（操作方法与"测修"相同），框选只能测量线条长度。

（2）鼠标左键双击对话框中的"符号"，可以切换"+""−"。

（3）或按键盘上的 Tab 键进行"+""−"切换。

如图 4-37 为测量四组线条长度的和。

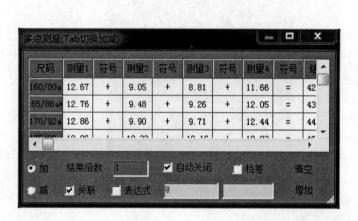
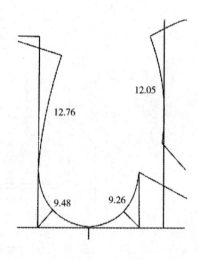

图 4-37　测量四组线条长度的和

提示：

①在"多点测量"对话框中，鼠标左键双击某个数据表头，可以删除此数据。

②按下 Ctrl 键框选，则框选对象的数据自动累计到上一组中。例如：在进行袖山曲线长度与袖窿曲线长度差值测量时，可以配合将袖山曲线长度累计为一组，将袖窿曲线长度累计为一组，方便比较。

三、修缝

修缝 [图标]：此功能用来修改个别数值与其他不同的缝边大小。

1. 方法 1

（1）在"缝"对话框中，输入新的缝边大小。

（2）鼠标左键点击需要修改的缝边即可实现修改。

2.方法2

（1）先框选要修改的缝边，有多个缝边需要修改时，框选结束后单击鼠标右键。

（2）在"缝"对话框中，输入新的缝边大小。

3.方法3 设置不等大缝边

（1）在"缝1"和"缝2"对话框中，分别输入新的缝边两端大小。

（2）鼠标左键点击需要修改的缝边即可实现修改，注意点击位置靠近一侧端点与"缝1"数据对应，远端与"缝2"数据对应。

4.方法4 阶梯缝边

（1）先用"智能笔"工具将阶梯缝边处断开成两条线。

（2）在"缝"对话框中，输入新的缝边大小。

（3）鼠标左键点击需要修改的缝边即可实现阶梯缝边，如图4-38所示。

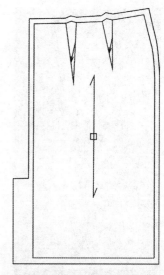

图4-38 裙后开衩的阶梯缝边

提示：

①修缝时，可以同时设置该缝边的切角类型。

②"折叠缝边"的设置方法为，在"修缝边默认切角"对话框中勾选"折叠缝边"，在"数"对话框中输入折叠数量，鼠标左键点击折叠缝边即可加出。注意"折叠缝边"必须为直线边。在"数"对话框中输入"1"，则取消折叠缝边。

如图4-39所示为设置裤前片裤口的切角与折叠缝边、取消折叠缝边。

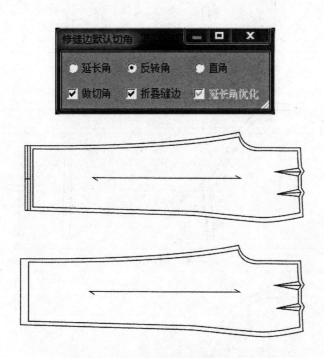

图4-39 切角与折叠缝边、取消折叠缝边

四、切角

切角 ：此功能用于修正裁片缝边角造型，共提供了八种角类型。操作方法如下：

（1）在"缝边角处理"对话框中选择缝边角类型，如图4-40所示。

图 4-40　"缝边角处理"
对话框

（2）直接点击要做处理的净边即可。

1.延长角（图 4-41）

2.翻转角（图 4-42）

3.直角

需要设置"距离"，即尖点距到直角边的距离（图 4-43）。

4.对齐角

对两个衣片进行对齐，可分为直角对齐和翻转对齐（图 4-44）。

5.任意角

可以做任意缝角造型。

操作方法：点选需要处理的净边，鼠标左键画出用于切整缝角的直线，完成后可以移动该直线位置，单击鼠标右键即可完成切割（图 4-45）。

6.圆弧角

需要设置小圆弧的"半径"（图 4-46）。

7.折叠角

需要设置折叠的"距离"（图 4-47）。

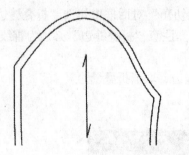
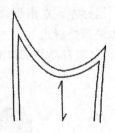

图 4-41　延长角案例

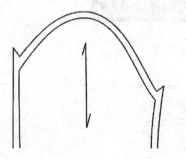
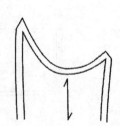

图 4-42　翻转角案例

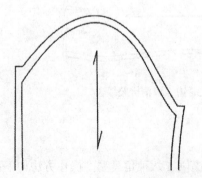
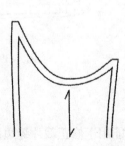

图 4-43　直角案例

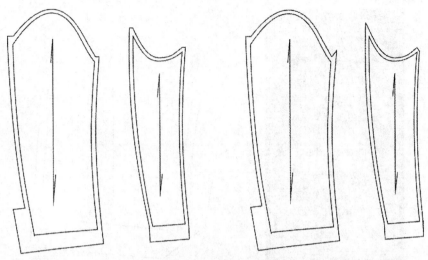

图 4-44 直角对齐和翻转对齐

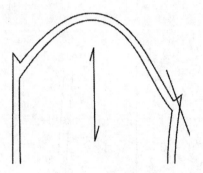

图 4-45 任意角造型

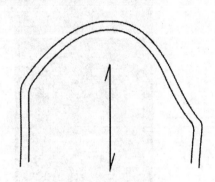

图 4-46 圆弧角造型

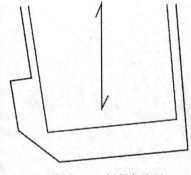

图 4-47 折叠角造型

8. 阶梯角

需要设置"半径"和"距离",选择"单边弧"和"双边弧"(图4-48)。

五、割并

割并 ■：此功能可用于样片的分割、合并也可用于纸样结构图的分割。

1. 分割

选择"割并"工具,直接点击样片内部线,即分割线即可将原裁片分割成两个小裁片(图4-49)。注意：这条内部线必须与样片轮廓线相交。

提示：如果按住 Ctrl 键,再点击分割线,则在生成分割后裁片的同时,保留原裁片。

2. 合并

依次点选两条净边线,即可将两个小裁片合并成一个大裁片。注意：如果按住 Shift 键点击鼠标左键,则会保留内线;如果按住 Ctrl 键,则会保留合并之前的裁片。

3. 结构线分割

操作步骤如下：

(1)框选全部结构线,单击鼠标右键结束。

(2)点选或框选断开线,单击鼠标右键结束。

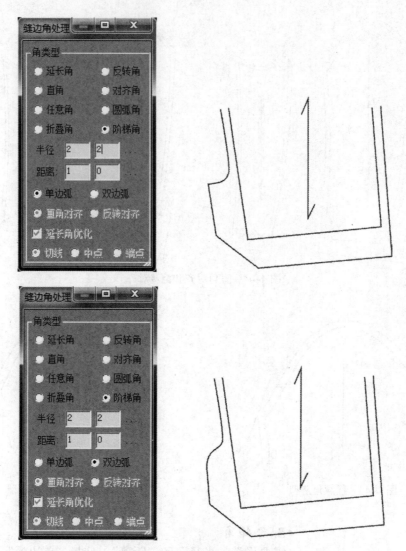

图 4-48 单边弧和双边弧案例

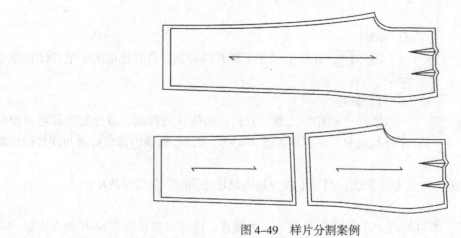

图 4-49 样片分割案例

（3）按下鼠标左键，即可拖动分开后的结构线。

如图 4-50 为对裤子结构线应用分割的情况。

提示：如果按住 Ctrl 键操作，则会保留分割前的结构线。此时，如果打开自动关联，则分割后的结构线与分割前的结构线保持关联。

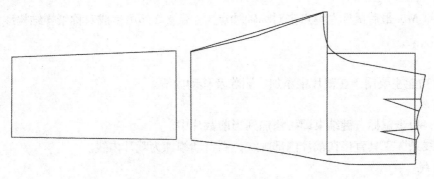

图 4-50　结构线分割案例

六、对称

对称 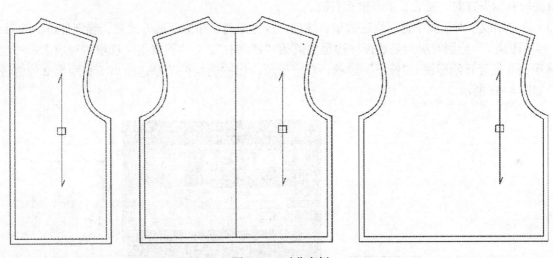：用来生成对称裁片。

（1）选择"对称"工具。

（2）在裁片的净边上点击鼠标左键，即可生成以该净边为对称轴的对称裁片。

注意：按住 Ctrl 键点击，则不保留对称轴。如图 4-51 所示，对后片进行对称即可生成对称裁片，按住 Ctrl 键则生成对称裁片时不保留对称轴。

图 4-51　对称案例

提示：

①鼠标左键点击裁片对称轴或者任意净边，可以取消对称。

②按住 Shift 键的同时，鼠标左键双击对称轴，可以解除对称关系，对称轴消失，但对称后的外轮廓线会保留。

③按住 Shift 键的同时，按住 Ctrl 键，鼠标左键双击对称轴，可以解除对称关系，对称轴转变为裁片内部线。

如图 4-52 所示为取消对称性操作案例，按住 Shift 键的同时鼠标左键双击对称轴，取消对称性，且对称轴消失；按住 Shift 键和 Ctrl 键的同时鼠标左键双击对称轴，取消对称性，对称轴转变为裁片内部线。

④框选内线和刀口，可以取消它们的对称性；再次框选内线和刀口，可以恢复它们的对称性。

⑤对结构线进行对称时方法为：先框选需要对称的纸样结构

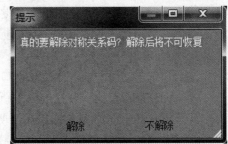

图 4-52　取消对称性案例

线，再按下快捷键 M，最后鼠标左键点击对称轴端点 1、端点 2 即可生成对称纸样结构线。

七、内线

内线 ▨：此功能主要用于在裁片中添加、删除及移动内线。

1．添加内线

选中结构线，单击鼠标右键结束即可添加到当前裁片中。

提示：用"线条"工具直接在裁片内部画线，则自动添加为裁片内线。

2．删除内线

选中裁片内线，单击鼠标右键或按 Delete 键，可以删除内线。

3．移动内线

选择内线，在内线上点击鼠标左键拖动即可。

八、明线

明线 ▨：此功能用于添加明线。

（1）鼠标左键点击需要添加线迹的缝边。

（2）箭头表示线迹方向，鼠标左键双击箭头头部，可以改变箭头方向，配合按 Ctrl 键双击箭头头部，可以改变所有箭头方向，完成后单击鼠标右键。

（3）在"明线"对话框中进行线迹数量、线型、线迹距离、净边距离等设置，确定即可。注意："距离 1"和"距离 2"分别对应的是选择净边是生成的"1"和"2"。"不修正"选项，对应于所产生的明线是从净边 0 位置开始标注，"修正"选项，对应于所产生的明线是从净边距离 1 和距离 2 位置进行标注的，如图 4-53 所示。

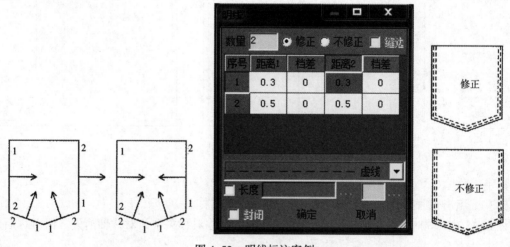

图 4-53　明线标注案例

提示：

①当选择"长度"时，在鼠标左键点击净边时出现一个白色三角，意味着有三角一端开始出现明线；双击白色三角可以去掉，在另一侧鼠标左键双击净边可以在该侧出现白色三角，对应的明线线迹从这一侧开始出现，如图 4-54 所示。

②当勾选"封闭"时，则线迹端口封闭，如图 4-55 所示。

③鼠标左键双击明线时，可以重新编辑明线参数。

④按下 Shift 键时，鼠标右键单击明线，可以解散明线。

⑤按下 Shift 键或 Ctrl 键，框选明线，按 Delete 键可以删除。

⑥当已完成的明线为不修正状态时，按下 Ctrl 键，框选明线，则自动改为修正状态明线。

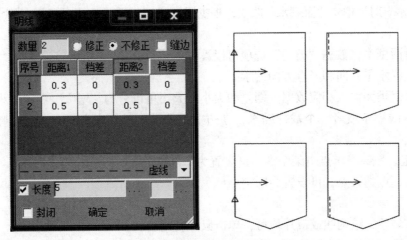

图 4-54　设置长度的明线

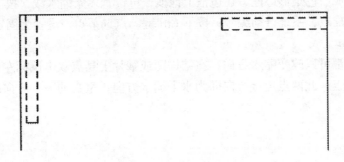

图 4-55　线迹端口封闭

九、波浪

波浪 ▇：此功能主要用于添加缩缝符号。

（1）鼠标左键点击波浪线对应的结构线起止点。

（2）在合适的位置鼠标左键单击即可添加。

提示：

①在纸样结构图和裁片上均可添加。

②波浪线与母线自动同步。

十、关系

关系 ▇：此功能用来设置线条之间的同步关系，无论修改哪根线条，另外一根都会同步调整。

（1）鼠标左键依次点选线条1、线条2。注意：选择线条时鼠标左键点击位置与对应点位置关系保持一致，否则反向同步。

（2）单击鼠标右键结束，出现"添加同步关系成功"提示，确定即可。

提示：单击鼠标右键可以切换同步方式。

十一、缩水

缩水 ▇：此功能主要用于设置面料缩水和缝线缩水（图4-56）。

1. 面缩水

（1）框选缩水对象，结构线或裁片均可，单击鼠标右键确认。

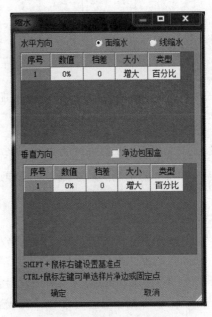

图 4-56　"缩水"对话框

（2）选择"缩水"对话框中"面缩水"选项，根据需要进行设置，完成后鼠标左键点击"确认"即可。

提示：

①"缩水"对话框中，数据"类型"选项可以设置为"百分比"，也可以设置为"实际数据"。

②可以同时设置水平方向和竖直方向缩水。

③可以根据数值类型输入相应数据、档差和大小，大小可以分为"增大"和"减小"。

④如果是结构线缩水或者一个裁片缩水，在边框上拉动（只能为水平方向或者竖直方向的边线），可设置分段缩水线。

⑤按下 Shift 键，鼠标右键点击某个点，可设置为基准点。

⑥按下 Ctrl 键，点选某点，可设置为固定点。

2. 线缩水

（1）框选缩水对象，结构线或裁片均可，单击鼠标右键确认。

（2）选择对话框上"线缩水"选项，只能进行水平缩水或者竖直缩水。

（3）系统会自动生成白色矩形边框，在边框上拖拽，可设置多条缩水线，按下 Shift 键，鼠标左键点击某个点，可设置为基准点，系统自动编号；按下 Ctrl 键，点选某点，设置为固定点（图 4-57）。

3. 改变缩水方向

面缩水和线缩水，都可以改变缩水方向，在结构图或裁片上某点双击鼠标左键，拉出一条线，然后再用鼠标左键点击另一点，此两点连接方向即为水平缩水方向，垂直的另一方向即为竖直缩水方向（图 4-58）。

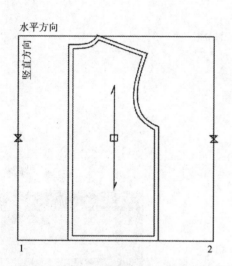

图 4-57　线缩水生成的基准点和缩水线

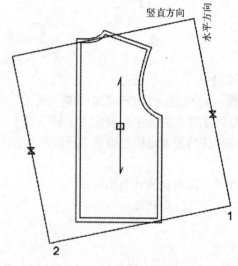

图 4-58　改变缩水方向

4. 衣片缩水

（1）点击裁片的任意净边，单击鼠标右键结束，即可对整个裁片执行缩水操作。

（2）如果按下 Ctrl 键再点选净边，则仅对所选净边缩水。

十二、两缩

两缩 ■："两缩"是"两点缩水"的简称，可以针对一条直线或者曲线进行缩水，常用于裤子拉链处面料的缩水设置。操作方法与"测修"相同。

（1）鼠标左键点击线条，拉出测量线，双击数值出现"两点缩水"对话框。

（2）根据需要进行设置，完成后确认即可。

提示：

①"两点缩水"与"测修"操作方法相同，但是呈现的结果不同。

②"两点缩水"的结果是由缩水率按公式计算而得，在"增大"的情况下"两点缩水"比"测修"的操作结果要大一些。100cm的直线用"两点缩水"工具"增大"3%的结果是103.9cm，而用"测修"工具"增大"3%的结果是103cm，如图4-59所示。

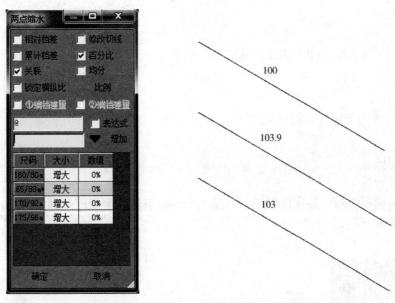

图4-59 两点缩水与测修的结果比较

十三、对齐

对齐 ： 此功能主要用于设置放缩时多个号型的对齐点。可分为"查看对齐"和"实际对齐"。

1. 查看对齐

（1）点击任意一点，即可以此点为基准对齐，点击其他地方或退出当前工具，自动回到对齐前的状态。一般用于放缩时查看放缩结果是否正确，如图4-60所示，以后中与底摆线交点为基准点进行查看对齐。

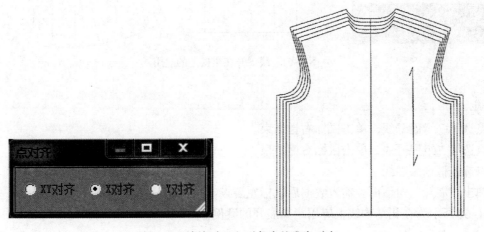

图4-60 放缩时以左下角为基准点对齐

（2）在线上点击鼠标左键，距离某端比较近，自动以某端为基准点对齐，如果靠近线段中点，以中点为基准对齐。

（3）选择部分图形，可单独对选择的图形对齐。

2.实际对齐

按下 Ctrl 键对齐，为实际对齐，点击其他地方图形不会还原。

十四、刷片

刷片 ▇▇：主要用于已经取过裁片的纸样，再修改过结构图后，可以直接通过"刷片"工具完成对应样片的同步更新。

（1）框选裁片。

（2）点击"刷片"工具，确定即可实现该裁片的自动更新。

十五、展开

展开 ▇▇：此功能主要用于需要切展的裁片。

1. 线展开

（1）框选展开封闭区。

（2）框选或点选展开线。

（3）在"展开"对话框中输入数据即可展开，按下 Ctrl 键点选两个点即可固定某侧。

线展开案例如图 4-61 所示。

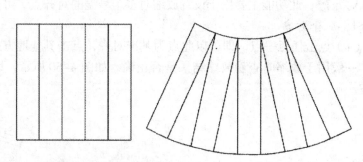

图 4-61　线展开在裙摆上的应用

2.距离展开

（1）点选第一组展开线，单击鼠标右键结束。

（2）点选第二组展开线，单击鼠标右键结束。

（3）点选或框选跟随线。

（4）弹出"展开"对话框，输入数据后鼠标左键点击"应用"即可展开。

如图 4-62 所示为在裙结构线上应用距离展开的案例。

3.半展开

（1）框选展开封闭区。

（2）框选或点选一条展开线，点选该展开线的旋转中心。

（3）同样方法选择下一条展开线，点选该展开线的旋转中心，依此类推。

（4）在每条展开线的箭头部位双击鼠标左键，可以改变展开方向。

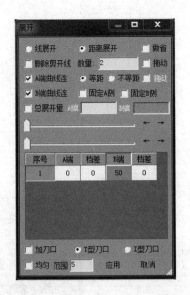

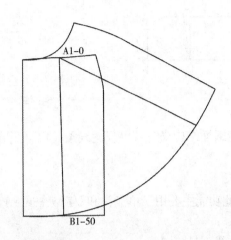

图 4-62　距离展开案例

（5）在旋转中心位置，可以通过双击在"固定长度"和"调整长度"之间切换。

（6）可以拖动箭头尾部，改变调整方向在标记△的位置双击鼠标左键，还可以改变旋转中心。

提示：

①A 端和 B 端可以分别设定不同的数值。

②当设置 A 端或 B 端数值时，如果数值相等，只需输入序号 1 位置的数值，然后从上向下拖动鼠标，即可将整列数据设置为该数值。

③可以根据需要勾选"A 端或 B 端曲线连"，则该端线条展开后自动修正为曲线。

④可以根据需要勾选"固定 A 侧或 B 侧"，则相应端不展开。

⑤如果两个封闭部分重叠在一起，框选无法准确识别，可以按下 Shift 键依次点选封闭区，然后单击鼠标右键结束。

十六、假缝

假缝■：此功能用于将两个裁片以平移或者旋转的方式假缝在一起，假缝纸样结构线。

（1）框选需要假缝移动的裁片，单击鼠标右键结束。

（2）鼠标左键依次点击该裁片上的对位点 1、对位点 2。

（3）鼠标左键依次点击假缝固定裁片上的对应点 1、对应点 2，单击鼠标右键结束即可完成假缝。

如图 4-63 和图 4-64 分别为裁片假缝和结构线假缝案例。

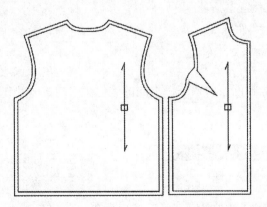

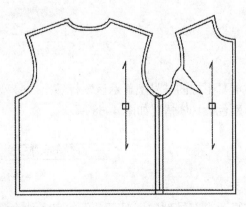

图 4-63　裁片假缝案例

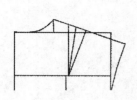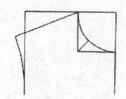

图 4-64　结构线假缝案例

提示：假缝纸样结构线时可以假缝线条，也可假缝点或点群。

十七、箭头

箭头 ▣：此功能主要用于单箭头和双箭头的绘制（图 4-65）。
提示：
①画法与画线工具相同。
②有"单箭头"和"双箭头"两种模式。
③箭头大小可以根据需要在绘制之前自行设置。

图 4-65　"箭头"对话框

第三节　放码工具

由于纸样越来越多地采用公式法绘制，完成后直接可以得到其他号型的纸样。而且，KIMO 软件在纸样绘制的数据输入框中设有"档差"设置栏，所以放码工作变得越来越方便，方式也可以根据操作习惯自行选择。如图 4-66 所示，为 Kimo 制板软件的数据输入框中的"档差"设置栏。

图 4-66　设置档差位置

提示：
①显示全部号型与显示基码，通过点击屏幕左下方的"全部"按钮切换，具体位置如图 4-67 所示。

图 4-67　显示全部号型按钮位置

此时屏幕下方的"号型显示区"标签全部号型呈彩色显示状态，不同的颜色为对应的号型纸样结构线和裁片颜色，具体情况如图 4-68 所示。

图 4-68　号型显示区

②在显示全部号型的情况下，再次点击"全部"按钮则切换到显示基码号型，基码后面有 * 标注，

具体情况如图 4-69 所示。

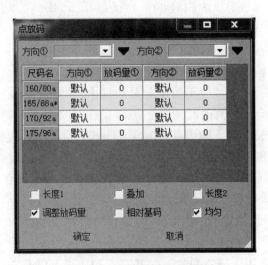

图 4-69　基码号型显示

③在"号型显示区"用鼠标左键点击不同的号型标签，则所选号型为当前显示号型，标签显示为彩色，其他未显示号型标签为灰色，具体情况如图 4-70 所示。

图 4-70　号型显示切换

④在显示全部号型的情况下，按住 Ctrl 键，鼠标左键在不需要显示的号型标签上点击，则该号型关闭显示，对应的"号型显示区"标签变为灰色，例如关闭 170/92a 和 175/96a 两个号型标签，具体情况如图 4-71 所示。

图 4-71　显示多个号型

一、放码

放码 ：此功能用于点放码时设置点的放码方向和数值。操作步骤如下：

（1）点选或框选放码点（一个或多个）。

（2）鼠标左键拖动箭头的头部，可以改变放码的方向。

（3）设置"点放码"对话框，完成后确定即可。点放码对话框如图 4-72 显示。

图 4-72　"点放码"对话框

提示：

①点选或框选放码点后，再次点选或框选，则取消选择。

②拖动箭头的头部，可以改变放码的方向，在改变放码方向的同时可以进行水平、竖直、角分线方向的自动捕捉。在箭头头部双击鼠标左键，可以改为相反方向；按住 Ctrl 键，可以一次取反所有同序号箭头的方向；按住 Shift 键，可以一次改变所有同序号箭头的方向，且箭头方向统一为鼠标左键双击的那个箭头的相反方向。

③"点放码"对话框中的"方向①"和"方向②"选项可以设置对应序号箭头方向的变量放码；"方

向"一栏中，在"默认"上双击鼠标左键可变为"取反"方向，可以单独取反一个码，也可以取反多个码。

④"点放码"对话框中，勾选"均匀"选项，则同序号放码量均相同；否则，可以单独设置。

⑤"点放码"对话框中，勾选"叠加"选项，则可以对已经设置好放码量的点再次进行放码，两次放码输入的数据会"叠加"在一起。

⑥"点放码"对话框中，勾选"调整放码量"选项，用在特殊图形放码调整箭头方向时，可自动生成边线形成夹角的角分线辅助线，辅助使用者能够快速便捷地捕捉该方向。

⑦"点放码"对话框中，勾选"相对基码"选项，则档差显示方式发生变化，由相邻两个号型之间的档差变为相对基码之间的档差。

⑧如果在制板过程中，已经添加符号，鼠标左键点击符号也可以在"放码"里设置放码量。

⑨设置放码跟随点操作步骤为：鼠标左键点选或框选放码参考点；按住 Shift 键点选欲跟随放码的跟随点，点选基准线；在"点放码"对话框中设置放码量，完成后确认即可。

⑩设置固定点操作步骤为：鼠标左键点选或框选放码参考点；按住 Ctrl 键点选固定点；在"点放码"对话框中设置放码量，完成后确认即可，固定点以外的线将不进行放码。

二、线上放码

线上放码 ▦：此功能主要用于进行裁片内线与轮廓线交点处的放码。操作步骤如下：

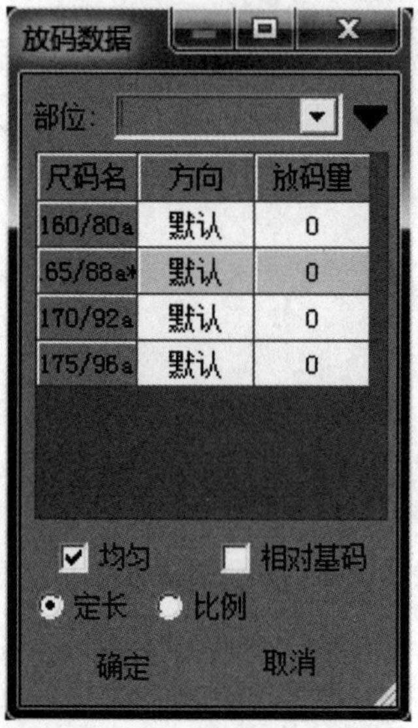

(1) 选择线上工具点，鼠标左键点选线上某点。

(2) 该点所在的裁片轮廓线上，与箭头方向相反一侧的端点为基准点。

(3) 鼠标左键双击箭头，可以取反箭头方向。

(4) 弹出"放码数据"对话框，设置完成后，确定即可。"放码数据"对话框如图 4-73 所示。

提示：

①"放码数据"对话框中，"均匀"和"相对基码"选项的功能与"点放码"对话框中的相同。勾选"均匀"选项意味着相邻号型之间的档差相同，勾选"相对基码"选项意味着放码量为当前号型相对于基码的档差。

②"放码数据"对话框中，"定长"和"比例"意味着当裁片上基准点进行修改时，线上点的"放码量"是按照哪种方式进行关联。当选择"定长"时，则该点到基准点的放码量按照设置的放缩量固定不变；选择"比例"时，则该点到基准点的放码量按照比例关系自动计算。

图 4-73 "放码数据"对话框

③符号放码操作步骤为：点选线上某点；弹出"放码数据"对话框，可以改变符号的"放码量"，设置完成后，确定即可。

三、跟随放码

跟随放码 ▦：此功能主要用于设置裁片上的基准点和放码点以及它们之间的跟随点的放码。操作步骤如下：

(1) 点选或框选基准点。

(2) 鼠标左键依次点选放码点、跟随点。

(3) 弹出"点放码"对话框，设置数据，完成后确定。

(4) 弹出"提示"对话框，根据实际情况，选择"比例跟随"或"均分跟随"，即可完成放缩点和跟随点的放码。

"点放码"对话框和"提示"对话框如图 4-74 和图 4-75 所示：

提示：

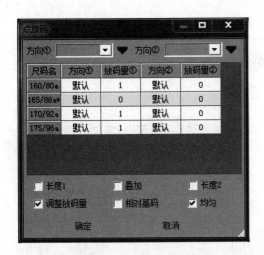

图 4-74　"点放码"对话框

图 4-75　"提示"对话框

①"比例跟随"是指每段跟随线所占比例不变；

②"均分跟随"是指每一段都加一个档差。

四、平行放码

平行放码 ：此功能主要用于平行线的放码。可分为输入放码量和不输入放码量两种操作方式。

1. 输入放码量

操作步骤如下：

（1）点选欲做平行放码的点。

（2）点选该点所在的线（如果该点处只有一条线则不必选择）。

（3）出现一个箭头，鼠标左键拖动箭头可以旋转。

（4）在"放码数据"对话框中输入放码量确定即可。"放码数据"对话框如图 4-76 所示。

提示：平行放码与点放码不同，只能设置一个方向的放码量。

2. 不输入放码量

操作步骤如下：

（1）点选欲做平行放码的点。

（2）点选该点所在的线（如果以该点为端点的线只有一条线则不必选择）。

图 4-76　"放码数据"对话框

（3）出现一个箭头，在箭头尾部双击鼠标左键，关闭箭头。

（4）在"放码数据"对话框中不必输入放码量，直接确定即可。

提示：

①当欲做平行放码的点所在线 X、Y 方向均有放码量时，"不输入放码量"的方式更便捷。

②如果一个点连接的两条线都需要平行，则点选点后，依次点选两条线，确定即可。如图 4-77 所示。

五、复制

复制 ：此功能主要用于将某点的放码量复制给其他点、将一组点的放码量复制给另外点数量相同的一组点以及将一个裁片的放码方式复制给另一个裁片。可分为复制一个点、一组点以及衣片复制。

1. 复制一个点

操作步骤如下：

（1）点选或框选复制数据参考点，单击鼠标右键结束。

（2）依次点选其他待复制点，可连续多次复制。

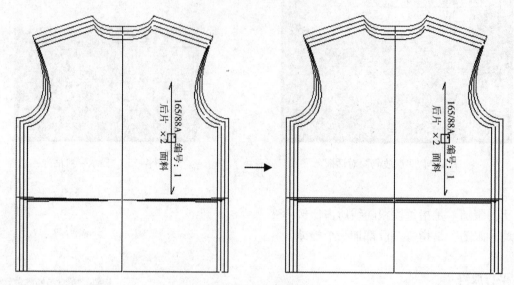

图 4-77 平行放码案例

提示：

①在选择复制数据参考点时，点选或框选参考点则出现白色箭头，拖动箭头可以调整箭头①、②的方向。

②在点选其他复制点的过程中，可以在"点放码拷贝"对话框中设置所复制数据的放码方向。

③放码方向可以分为 X、Y 方向完全相同或者其中一个方向取反，X、Y 方向完全相反其中一个方向取反，或者仅①方向取反和仅②方向取反。

"点放码拷贝"对话框如图 4-78 所示。

图 4-78 "点放码拷贝"对话框

2. 复制一组点

操作步骤如下：

（1）框选一组复制数据参考点，单击鼠标右键结束。

（2）框选另外一组待复制的点，单击鼠标右键结束即可。

提示：两组点的个数必须一致。

3. 裁片复制

（1）按下 Alt 键，点选衣片的一个点。

（2）鼠标左键点击另外一个衣片对应的点，整体复制。

六、边放码

边放 ：此功能主要用于边上所有点的放码量相同的情况。可分为常规边放码和内线边放码。

1. 边放码操作步骤：

（1）框选所有放码量相同的边。

（2）在箭头的头部双击鼠标左键，可取反箭头。

（3）在箭头的根部双击鼠标左键，可取消该线放码。

（4）在弹出的"放码数据"对话框中输入数据，确定即可。

2. 内线边放码

操作步骤如下：

（1）选择内线。

（2）按下 Ctrl 键，鼠标左键点击某个点，设置为基准点。

（3）在"放码数据"对话框中设置放码量，确定即可。

七、归零

归零 ：此功能用于将放码点的放码量快速归零。操作步骤如下：

（1）点选或框选需要归零的点。

（2）选中点出现十字白色箭头。

（3）单击鼠标右键结束即可。

八、刷片

刷片 ：此功能用于刷新样片。

九、码测量

码测量 ：此功能主要用于各个尺码之间水平、竖直以及边线垂直方向数据的测量。可分为码测量和缝边量测量。

1. 码测量

操作步骤如下：

（1）切换到显示全部放码状态。

（2）鼠标左键单击任何一个尺码的线条，拉出一条白色的测量线。

（3）再次在任意位置单击鼠标左键，可以测量此线条在拉出线方向上各个尺码之间的距离。

（4）完成测量后单击鼠标右键结束即可。

2. 缝边量测量

操作步骤如下：

（1）切换到显示单一尺码状态。

（2）鼠标左键单击需要测量缝边量的裁片的净边线，拉出一条线。

（3）再次在任意位置鼠标左键单击，可以测量此线条在拉出线方向上的缝边量。

（4）完成测量后单击鼠标右键结束即可。

提示：

①拉出的线条可以自动捕捉水平、竖直及垂直方向。

②缝边量测量针对裁片测量。

十、配码

配码 ：此功能主要用于衣片尺码的重新分配、衣片排序。可分为衣片重新分配尺码和衣片排序。

1. 衣片重新分配尺码

操作步骤如下：

（1）点选或框选和尺码量数量一致的裁片，单击鼠标右键结束。

（2）则每个裁片按照所选方式重新分配尺码。

"配码方式"对话框如图 4-79 所示。

2. 衣片排序

操作步骤如下：

（1）按住 Ctrl 键，点选或框选裁片，单击鼠标右键结束。

（2）则所选裁片自动按照从小到大排成一行。

图 4-79 "配码方式"对话框

第四节 图像工具

图像工具组主要用于对图片上线条的识别，使其由图片格式转变为系统可识别、可操作的矢量线条。

一、图像

图像 ▦：此功能用于打开"图像工具条"，该工具条也可以在"图像—工具条—图像工具条"中打开。包括"打开""移动""校正""旋 90 度""逆旋 90 度""水镜""垂镜""尺寸""透明""矢量""放码""另存""二值"按钮。同时，在工具区也有以上按钮。"图像工具条"如图 4-80 所示。

图 4-80 图像工具条

二、打开

打开 ▦：此功能用于打开图像文件。

三、移动

移动 ▦：此功能用于移动和通过拖动图像边框的形式调整图片大小，拖动边框对角线方向可以按比例调整，拖动边线可以按任意宽、高比例调整。

四、校正

校正 ▦：此功能用于图片校正。可以进行"普通校正"和"红色标记自动校正"，在"图像校正"对话框中设置标记宽度和高度，选择背景类型，如图 4-81 所示。

五、顺时针旋转 90°

旋 90（顺时针）▦：点选图片后，点击此按钮，则图片顺

图 4-81 "图像校正"对话框

时针旋转 90°。

六、逆时针旋转 90°

旋 90（逆时针）▣：点选图片后，点击此按钮，则图片逆时针旋转 90°。

七、水镜

水镜▣：鼠标左键点击图片后，点击此按钮，则图片进行水平镜像。

八、垂镜

垂镜▣：鼠标左键点击图片后，点击此按钮，则图片进行竖直镜像。

九、尺寸

尺寸▣：此功能用于设置图像尺寸。用"图像移动"工具或"图像校正"工具，选择任何一个图片，点击此按钮，可设置图像实际大小。

十、透明

透明▣：此功能用于设置一个图片背景色为透明或取消背景透明。

1. 设置"图像背景透明"

操作步骤如下：

（1）选择"透明"按钮。

（2）鼠标左键点击任何一个图片背景色，则该图片背景透明。

2. 取消"图像背景透明"

操作步骤如下：

（1）选择"透明"按钮。

（2）鼠标右键点击任何一个图片背景色，则该图片背景取消透明。

十一、矢量

矢量▣：此功能用于图像矢量化，用"图像移动"工具或"图像校正"工具，选择任何一幅图片，进行图像矢量化，主要针对屏幕截图或背景为单色图像。

第五节　其他工具

一、规格表

规格表▣：此功能用于调出尺码表，并可对齐进行修改、调整等操作。

提示：其作用与快捷菜单中的"尺码"按钮相同。

二、缩放

缩放▣：此功能用于放大或者缩小图像。

提示：

①鼠标滚轮上下滚动，当前界面放大或者缩小。

②单击鼠标右键，光标变为手型，用于拖动绘图区。

三、放大

放大 ：此功能用于局部放大。操作步骤如下：

（1）选择"放大"工具，光标变为黄色放大镜。

（2）在需要放大的位置用鼠标左键拖框即可。

四、满屏

满屏 ：此功能用于显示所有裁片。

五、假缝

假缝 ：此功能用于拼合图形。

六、旋转

旋转 ：此功能用于旋转图形。操作方法如下：

（1）选择操作对象，单击鼠标右键结束。

（2）鼠标左键点击旋转中心，点击操作对象另一端点。

（3）移动到新位置附近鼠标左键点击。

在数据框中设置旋转的距离或角度，单击鼠标右键确定。

提示：

①复制旋转：点击旋转中心时按下 Ctrl 键，为复制旋转。

②移动旋转：点击旋转中心时按下 Shift 键，为移动旋转。

③移动复制旋转：按下 Alt 键，复制移动旋转。

④选择点：按下 Ctrl 键框选，即可选择单独一个点或多个点或交点。

七、拷贝

拷贝 ：此功能用于复制图形。

1. 选择对象

可用其他工具选择对象，然后点击"拷贝"按钮或点击快捷键 C，也可以先选择工具，再选择对象。

2. 普通复制

框选或点选对象，单击鼠标右键结束，如是先选对象，不用单击鼠标右键结束，下同，然后在任意位置按下鼠标左键拖动即可复制。关联开关打开，自动添加复制关系。在对话框上，可以选择"不镜像""水平镜像""垂直镜像"参数。

3. 衣片关联

如果复制的是衣片，"衣片和结构图保持关联"选上，结构图和衣片可以刷新同步，否则不能刷新同步。

4. 成组复制

选择对象结束后，按下 Shift 键拖动，可进行成组复制。

5. 选择点

按下 Ctrl 键框选，即可选择单独一个点或多个点或交点。

八、镜像

镜像 ：此功能用于镜像图形。

1.选择对象

可用其他工具选择对象，然后鼠标左键点击"对称"按钮或点击快捷键 M，也可以先选择工具，再选择对象。

2.复制镜像

框选对象，单击鼠标右键结束，如是先选对象，不用单击鼠标右键结束，下同；再次点击两个点或一条直线作为对称轴，即可镜像。

3.不复制镜像

框选对象，单击鼠标右键结束，按下 Ctrl 键点选镜像轴，即可不复制镜像。

4.选择点

按下 Ctrl 键框选，即可选择单独一个点或多个点或交点。

九、配码

配码 ▤：此功能用于将一层上的各码裁片叠成网状图。

1.衣片重新分配尺码

点选或框选和尺码数量一致的衣片，单击鼠标右键结束，从左到右，每个衣片依次和尺码对应，最左边的衣片为最小码，最右边的衣片为最大码，将一层上的裁片叠成网图。

2.衣片排序

按下 Ctrl 键，点选或框选衣片，然后单击鼠标右键结束，选择的衣片自动按从小到大排成一行。

十、显缝

显缝 ▤：此功能用于切换缝边显示和隐藏。操作方法如下：

（1）按钮按下，缝边显示。

（2）按钮抬起，缝边隐藏。

（3）按下 Ctrl 键点击"显缝"按钮，缝边和净边显示互相切换。

十一、隐藏

隐藏 ▤：隐藏结构图用于设置结构图与裁片的显示。操作方法如下：

（1）按钮按下，隐藏结构图，显示衣片。

（2）按钮抬起，隐藏衣片，显示结构图。

（3）按下 Ctrl 键点击按钮，衣片和结构图一起显示。

十二、设置

设置 ▤：此功能用于设置打印相关信息，快捷键 F11。在"打印机设置"对话框中完成设置，确定即可。"打印机设置"对话框如图 4-82 所示：

图 4-82 "打印机设置"对话框

第五章　智能排料中心

◆**本章知识**

　　1. 智能排料中心的概念及发展

　　2. 智能排料中心的工具介绍

◆**学习目标**

　　1. 了解智能排料中心的概念、发展

　　2. 掌握智能排料中心的常用工具

　　3. 能够独立完成常规纸样排料方案设计

　　排料环节与企业生产关系紧密，排料方案不仅影响后续生产情况，更是直接关系到企业生产成本的高低。目前，服装 CAD 软件的排料系统更加完善，不仅能够完成过去传统方式的排料方案设置，还可以在此基础上完成智能排料，自动选出最优方案。下面以 Kimo 排料系统为例，详细进行介绍。Kimo 排料系统工作界面布局，如图 5-1 所示。

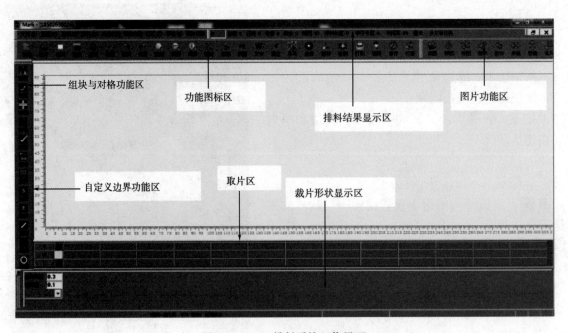

图 5-1　Kimo 排料系统工作界面

第一节　排料快捷菜单栏

一、新建

　　在 Kimo 制板中心选择菜单栏"导出文件—导出文件"，在弹出的"导出文件"对话框中，如图 5-2 所示，可以看到文件的保存类型为"款式文件"，文件扩展名为 *.efd。

图 5-2　"导出文件"对话框

在菜单栏"导出文件—导出样片"弹出的对话框中，如图 5-3 所示，可以看到，样片文件的保存类型为 *.pce。

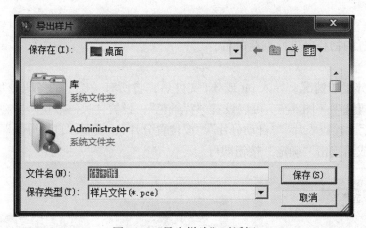

图 5-3　"导出样片"对话框

排料文件就是在样片文件的基础上产生的，所以，在完成纸样设计的结构图绘制之后，要进行"取片"，完成对样片的设置和修改后，在菜单栏选择"导出文件—导出样片"。

排料系统是另外一个相对独立的系统，打开之后点击"新建"，在弹出的"打开制版文件新建为排料文档"（图 5-4），选择合适的路径打开 PCE 样片文件。同时，系统还支持 *.dxf、*.plt、*.hpg、*.hpgl、*.prt 格式的裁片文件。

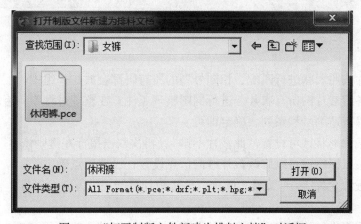

图 5-4　"打开制版文件新建为排料文档"对话框

在弹出的"输出衣片到排料区"的对话框中进行排料前设置，设置完毕后点击"确定"即可。

二、设置

"输出衣片到排料区"对话框如图5-5所示。

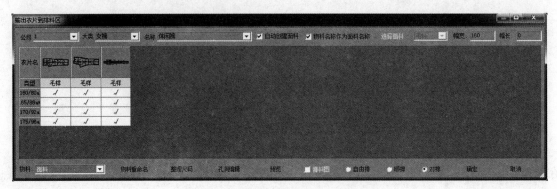

图5-5 "输出衣片到排料区"对话框

1. 物料重命名

将制板中已经设置的物料名进行重新命名。

2. 整理尺码

一般用于尺码未分组的情况，导入plt或dxf文件后，将所有一层上的各码裁片进行网图分组整理。通过"整理尺码"设置选项（图5-6）可以设置"背景色"；设置"尺码数量""衣片总数""尺码间距"；设置"重命名衣片名""检查衣片""自动分片""按位置分片"；设置"自动分码""重新设置""显示参数""号型设置"。完成后点击"确定"按钮即可。

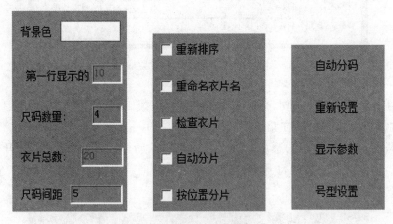

图5-6 整理尺码设置选项

提示：

①自动分片：裁片按照形状进行匹配，相同号型的所有码都会放在一组中。

②自动分码：将各组裁片的所有衣片，进行网图整理（注意在整理过程中，将裁片方向调为一致）。

③号型设置：选择合适的号型系列，确定即可。

④鼠标左键双击裁片形状区可设置"此裁片不排"，再次双击鼠标左键则恢复。

⑤在裁片形状区按鼠标右键可以修改裁片纱向信息设置，设置后点确定。

⑥自由排：整套裁片允许180°旋转；顺排：整套裁片只能一个方向；对排：整套裁片允许翻转。

3. 孔洞编辑

对裁片上的闭合图形进行切割设置，设好的孔洞中可以放置其他裁片（图5-7）。

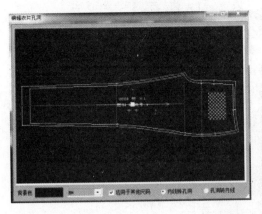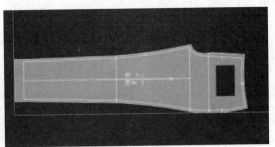

图 5-7　孔洞编辑案例

提示：
①支持压片操作。
②操作方法：框选封闭内线后单击鼠标右键。
　设置完成后确定，即弹出"另存为"对话框（图 5-8），设置"公司""大类""名称"，完成后点击"确定"按钮即可进入排料操作（图 5-9）。

三、打开

此功能用于打开一个排料文件，如图 5-10 所示。

图 5-8　"另存为"对话框

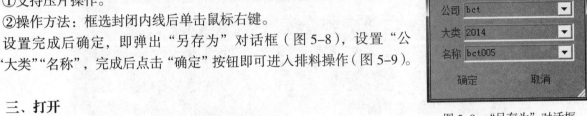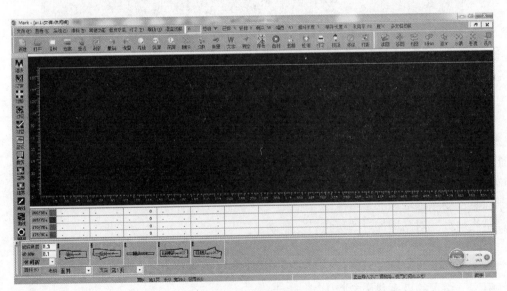

图 5-9　排料界面

四、设料

此功能用于床信息设置，设置完成后，退出即可。

1.布料设置

此功能用于增加布料、删除布料、复制布料的设置（图 5-11）。
（1）增加布料：增加一床布料或方案。
（2）删除布料：对已增加的布料进行删除。
（3）复制布料：对已设置过的布料或方案进行复制。

图 5-10　打开排料文件

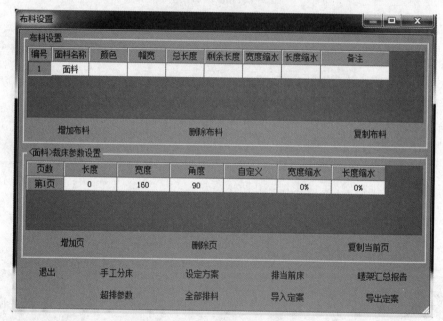

图 5-11　"布料设置"对话框

2. 裁床参数设置

此功能用于增加页、删除页、复制当前页的设置。

（1）增加页：对某一布种进行多页床设置，用于切割机的多页床输出。

（2）删除页：删除已增加的多页床。

（3）复制当前页：对已增加过的页进行复制。

提示：

①在"自定义"下双击鼠标左键打勾，可以自定义唛架形状，多用于皮革排料。

②布料幅宽、缩水等可在裁床参数中进行设置。

五、定案

此功能用于设置裁片摆放方式。"方案设定"对话框如图 5-12 所示。

提示：

①在"方案设定"对话框中，设置裁片的方向，鼠标右键双击裁片形状区，可设置此裁片所有码不排，再次双击鼠标左键则恢复。

②在行首号型处双击鼠标右键，就可以设置该号型不排。

③在表格的左上角"衣片名"上双击鼠标右键，则设置整个表格不排料，再次双击则恢复。

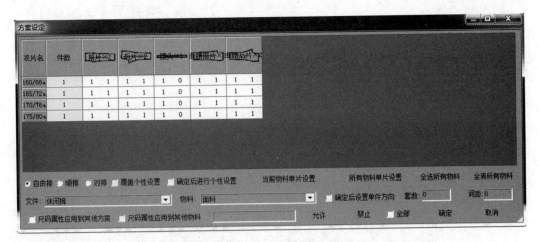

图 5-12　"方案设定"对话框

④勾选"确定后进行个性设置"，可对某块裁片进行单独设置。

⑤自由排：整套裁片允许 180° 旋转和翻转；顺排：整套裁片只能一个方向；对排：整套裁片允许翻转。

六、重设

此功能用于清空当前床衣片和方案后重新设定。点"重设"后，当前床衣片及方案都会被删除，如需重设，要去"定案"中重新设置。点"不重设"则为取消。

七、刷新

此功能用于刷新制板中的修改设置，直接点击即可。

注意：制板中修改了裁片片数，刷新后要去定案中重新设置裁片片数。

八、撤销

撤销操作步骤，每点一次，撤销一步。

九、恢复

恢复操作步骤，每点一次，恢复一步。

十、缩放

此功能用于放大或缩小当前唛架。

提示：

①点此功能后，框选需放大的区域。

②按滚轮上下移动也可放大或缩小当前唛架。

十一、满屏

满屏水平箭头 ：唛架长度方向全部显示，点击此功能按钮即可。

满屏竖直箭头 ：唛架宽度方向全部显示，点击此功能按钮即可。

十二、删除

此功能用于删除唛架上的裁片。框选需要删除的裁片后，点此功能或按 Delete 键。

十三、切割

此功能用于对裁片进行切割处理。

1. 一般切割

（1）框选裁片后单击鼠标右键。

（2）拉出切割线后单击鼠标右键。

（3）弹出"切割排料衣片"对话框，设置切割属性后确定，如图5-13所示。

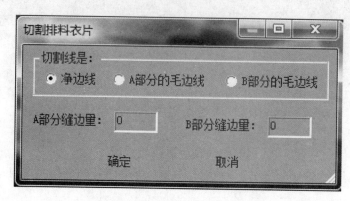

图5-13 "切割排料衣片"对话框

提示：切割线可以鼠标左键拖动端点或点线平行移动。

2. 精确位置切割

（1）鼠标左键点击欲做切割裁片的净边线。

（2）弹出"定点"对话框（图5-14），设置切割位置后，确定切割线的一个端点。

（3）再用鼠标右键点击另一条净边线。

（4）弹出"定点"对话框，设置切割位置后，确定切割线的另一个端点。

3. 重叠裁片切割

（1）框选欲切割裁片后单击鼠标右键。

（2）鼠标左键点击两个裁片的重叠线位置。

（3）两点拉出一条切割线。

（4）单击鼠标右键弹出设置对话框后点确定。

提示：切出不排的裁片不能删除，放在唛架外就不会打印了。

重叠切割案例如图5-15所示。

图5-14 "定点"对话框

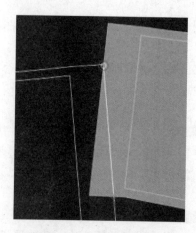

图5-15 重叠切割案例

十四、测量

此功能用于测量裁片之间的距离。

（1）框选两个裁片后右键；

（2）在"重叠量"对话框（图5-16）可以看到裁片之间的重叠量并可修改。

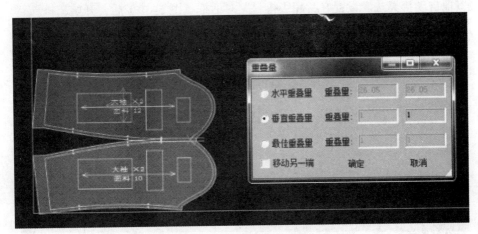

图 5-16 "重叠量"对话框

（3）点不同选项可以查看并修改。

提示：

①勾选"移动另一端"选项，可以切换移动裁片。

②按下 Ctrl 键，同时鼠标左键点击任意两点，可以测量两点间距离，"提示"对话框如图 5-17 所示。

十五、清空

此功能用于清空唛架上所有的裁片，退回到选片区。

十六、自排

此功能用于自动排料。

（1）按下"自排"按钮。

（2）弹出"自动排料参数"对话框（图 5-18），设置排料时间和其他选项后，点击"确定"后等待即可。

提示：

①屏幕下方显示排料的进度，点停止可以中止此次排料。

②可配合超排对话框的很多选项使用。

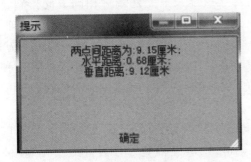

图 5-17 "提示"对话框

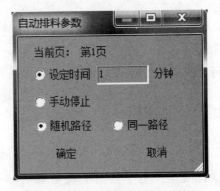

图 5-18 "自动排料参数"对话框

③同一路径：自动排多次结果都会一样。

④随机路径：自动排多次后，结果会不一样，可以从中选择结果最好的。

十七、超排

可以接驳其他自动排算法。设置好"超级排料"对话框（图5-19）后，开始超排。

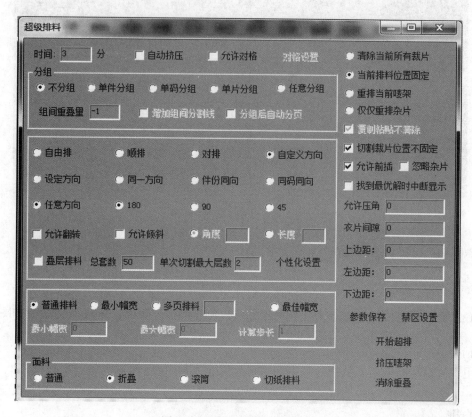

图5-19 "超级排料"对话框

（1）"时间"为超排的工作时间，设置为"0"时，则工作至最大利用率自动停止。

（2）"自动挤压"是指超排时裁片做微小的移动，用来达到省料的目的。

（3）"允许对格"即启用"对格设置"。

（4）分组："不分组"选项为随意排料，号型不受区域限制，追求面料最大利用率；"单件分组"选项为一件衣服的裁片在同一区域排料；"单码分组"选项为一个号型在同一区域排料，适用于高低床；"单片分组"选项为一个裁片在同一区域排料，适用于内衣；"任意分组"选项可根据需要设置在同一区域排料的组合方式。

（5）排列："自由排"允许裁片180°旋转和翻转；"顺排"只允许裁片相同方向排料，多用于布丝方向为单箭头的裁片；"对排"允许裁片翻转；"自定义方向"时可以自行"设定方向"，在对应的方向下设置数量即可；"同一方向"是指裁片同一方向排料；"件份同向"为一件一个方向；"同码同向"为一个尺码一个方向；可以设置为"任意方向""180°""90°""45°"，后三种情况裁片可以整倍数的旋转；还可以"允许翻转""允许倾斜"，选择"允许倾斜"时需要设置倾斜角度和长度。

（6）排料："普通排料"为输出整个唛架，适合普通剪纸类绘图机；"多页排料"是当前排料显示多页设计唛架，用于输出平板切割机，有固定长宽值；"最佳幅宽"设置"最小幅宽""最大幅宽""计算步长"，系统按照当前设置计算出面料利用率最高的排料方案，通常用于针织布定制幅宽的情况。

（7）面料："普通"是指普通裁床拉布方式；"对折"是指布料对折方式拉布，对称裁片只排半边；"滚筒"是指筒子针织布，对称裁片只排半边。

（8）"清除当前所有裁片"是指进行"超排"之前，先将唛架上所有裁片清空；"当前排料位置固定"当有裁片需要放在固定位置时，可以勾选此项；"重排当前唛架"则当前唛架所有裁片重排；"仅仅重排杂片"则当前唛架仅杂片重排。

（9）"切割裁片位置不固定"是指裁片切割后位置不固定，可以分开排料；"可以前插"是指已经排过料的空位是否允许小裁片插入；"忽略杂片"当有杂片放置在唛架的上、左、下时，自动排是否还会加入这些杂片。

（10）"允许压脚"：可以设置重叠量，但是缝边角必须小于 60° 时才会允许压脚；"衣片间隙"可以设置自动排料时衣片之间的间隔大小；"上边距"距唛架的上方设定的空出量；"左边距"距唛架的左方设定的空出量；"下边距"距唛架的下方设定的空出量。

（11）禁区设置：为当前排料方案设置瑕疵区，裁片避开布料破损区。可以用线、圆、矩形来画出禁区，画好之后直接"设置线线禁区"即可；"保存禁区"方便下次再次调出使用。完成设置后，点击"确定"按钮，唛架上会显示黄色填充格，表示禁排区域。"禁区设置"对话框如图 5-20 所示。

图 5-20 "禁区设置"对话框

提示：

①线：两点画直线，三点以上画曲线，在线长框中输入数值可以画定长线。

②圆：按下鼠标左键拖动定两点，在半径输入框中输入数值可以画定半径圆。

③矩形：按下鼠标左键拖动定两点，在 X、Y 输入框中输入数值可以画定长矩形。

④缩放：当前唛架区放大缩小，如果不勾选默认也可以按滚轮放大或缩小。

⑤删除：框选需要删除的图形，鼠标左键点击"删除"按钮即可。

⑥导入禁区：导出已保存过的禁区方案。

（12）个性化设置：在"个性化设置"对话框中（图 5-21），可以选择裁片，进行个性化设置。可以选择该裁片的排料方向以及进行个性化设置。

（13）挤压唛架：根据手工排料排好的唛架，裁片仅做微小的移动，从而达到提高面料利用率的目的。

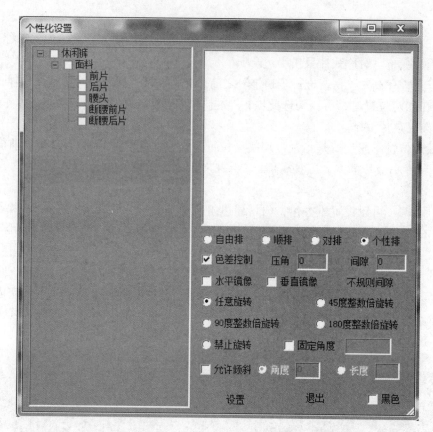

图 5-21 "个性化设置"对话框

十八、检测

此功能用于检测已排裁片是否超出设置限定。

排料完成后，点此功能，则弹出"综合检测"对话框（图5-22），从中可以看到已排裁片的各种情况。注意：出图前请务必执行此操作！

十九、设置

此功能用于唛架出图前的设置。点此功能，弹出"打印机设置"对话框（图5-23），设置完成后确定即可。

设置完毕点开始打印即可出图。

二十、名词解释

排料涉及的名词释义如下：

（1）全选当前物料：当前布种裁片全部打勾，可以进入排料。

（2）全清当前物料：一次取消当前布种勾选设置。

（3）全选所有物料：此款所有物料全部打勾，可以进入排料。

（4）全清所有物料：此款所有物料取消勾选设置。

（5）自动创建面料：使用面料管理里的布料名称。

（6）物料名称作为面料名称：使用面料管理里的布料名称。

（7）选择面料：使用面料管理里的布料名称。

（8）幅宽：此款布料的幅宽。

图 5-22 "综合检测"对话框

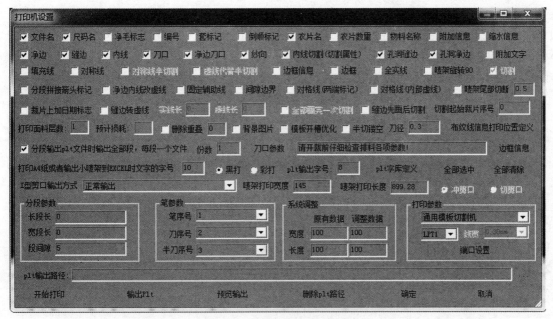

图 5-23 "打印机设置"对话框

（9）物料：选择当前裁片的物料。

（10）全选所有物料：所有裁片显示选中状态，可以进入排料。

（11）全清所有物料：关闭所有裁片，需要设置号型方案时，右键双击号型名可以全选此号型裁片。

（12）文件：显示当前文件名，多款套排时可以切换不同文件名。

（13）物料：显示当前床物料，可以切换不同布料床。

（14）套数：设置选中号型的套数。

（15）间距：裁片与裁片之间的距离。

第二节　排料工具栏

一、组块

此功能用于设置裁片组。操作如下：

（1）框选需要组合的裁片，点"组块"按钮。

（2）在弹出的"块名称"对话框（图 5-24）中，设置块名称和块属性，完成后确定。

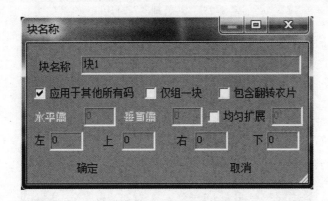

图 5-24 "块名称"对话框

提示：

①应用于其他所有码：组合好一个号型的裁片后，勾选此项，其他码的同名裁片都会是组合状态。注意：不同号型的裁片组合不能勾选"应用于其他所有码"。

②组合后裁片外框设置相同间隔量。

"上、下、左、右"输入的数值，可对组合好的裁片四周加上对应的间隔量。

二、块管

此功能用于对组合好的块进行删除、修改、加间隔等操作。"块管理器"对话框如图5-25所示。

三、对格

此功能用于在裁片上设置对格点。操作如下：

（1）选择"对格"工具，点选裁片后单击鼠标右键。

（2）鼠标左键点击需要对条纹的点或刀口，单击鼠标右键。

（3）弹出"对格名称"对话框（图5-26），根据需要，设置完成后点击确定即可。

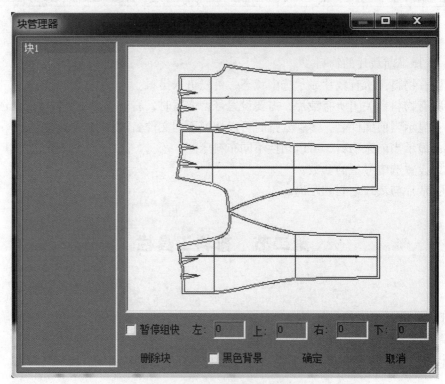

图5-25 "块管理器"对话框

图5-26 "对格名称"对话框

提示：

①点选裁片后鼠标右键 +Shift 键，鼠标左键点击需要对条纹的点或刀口，只对水平条纹。

②点选裁片后鼠标右键 +Ctrl 键，鼠标左键点击需要对条纹的点或刀口，只对竖直条纹，如图 5-27 所示。

跟随对格：框选两块条格相关的裁片后右键，鼠标左键点击裁片一和裁片二的对位点。如图 5-28 所示，设置衣大身与袋盖的跟随对格。

四、对设

此功能用于对当前床进行条纹设置。操作如下：

（1）选择"对设"按钮。

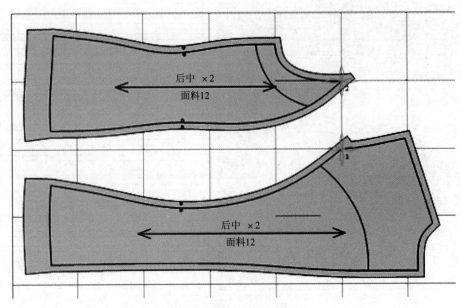

图 5-27　竖直条纹对位案例

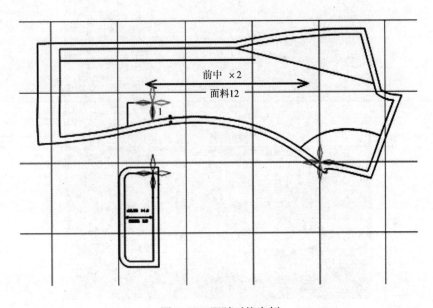

图 5-28　跟随对格案例

（2）勾选"启用对格"。

（3）在水平、竖直输入框中输入一组条纹的条数后确定，水平条格小间距为 3cm，大间距为 5cm；竖条格小间距为 10cm，大间距为 15cm，如图 5-29 所示。

五、对管

此功能用于对设好条纹的裁片进行删除、修改等操作。选择"对格"工具，从弹出的对话框中对裁片进行删除对格及偏移处理。

六、显设

此功能用于对当前排料界面进行显示设置。"排料显示参数"对话框如图 5-30 所示。

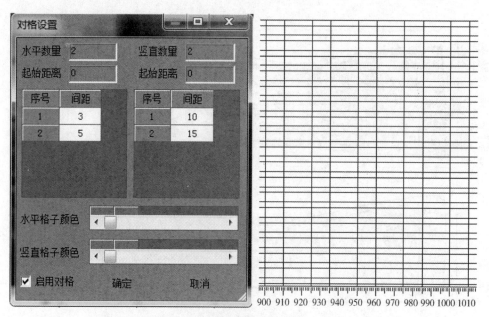

图 5-29   对格设置案例

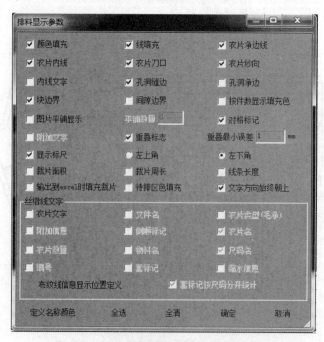

图 5-30   "排料显示参数"对话框

七、数界

此功能用于数字化仪读入方式定义唛架边界。

提示：常用于将真皮放到数字化仪上读入外轮廓。

八、自界

此功能用于自定义唛架床边界。常用于真皮等边界不规则情况。

九、结界

此功能用于结束唛架边界描绘。

十、直线、曲线、画圆

此功能用于描绘唛架边界，描绘完成后，点击"结界"结束描绘。

第三节 图像工具条

图像工具主要应用于对位图的处理。"图像工具条"对话框如图5-31所示。

图5-31 图像工具条

一、读图

此功能用于调入图片，多用于印花布料排料时，放置裁片位置做参考。点此功能，从弹出的"打开图像"对话框（图5-32）中选择布料图片文件后点打开。

图5-32 "打开图像"对话框

二、移图

此功能用于将调入的图片做放大、缩小、平移操作。点选调入的图片，拉动图片周围的控制点，可以拉大、缩小、旋转图片，如图5-33所示。

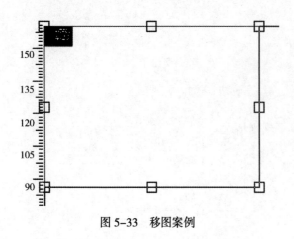

图 5-33 移图案例

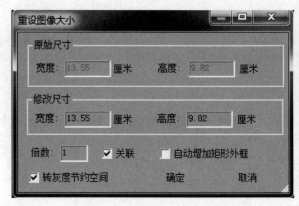

图 5-34 "重设图像大小"对话框

三、校图

此功能能用于设置图片大小。点选此功能，鼠标右键点击图片后，弹出"重设图像大小"对话框（图5-34），修改图片大小后确定即可。

四、顺 90

此功能能用于图片顺时针旋转 90°。

提示："移图"功能选中状态下点此功能即可得到原图顺时针旋转 90° 的图形。

五、逆 90

此功能能用于图片逆时针旋转 90°。

提示："移图"功能选中状态下点此功能即可得到原图逆时针 90° 的图形。

六、水镜

此功能能用于对图片进行水平镜像的操作。

提示："移图"功能选中状态下点此功能即可得到原图的水平方向镜像图形。

七、垂镜

此功能能用于对图片竖直镜像。

提示："移图"功能选中状态下点此功能即可得到原图的竖直方向镜像图形。

八、设尺

此功能能用于设置图片尺寸。"移图"功能选中状态下点此功能，在弹出的对话框中设置图片的实际尺寸。

第四节　排料模块快捷键表

排料模块快捷键，见表 4-1。

表 4-1 排料模块快捷键表

功能	快捷键	功能	快捷键
新建	Ctrl+N	向下移动唛架	↓
打开	Ctrl+O	向上移动唛架	↑
保存	Ctrl+S	向右移动唛架	→
删除文件	Ctrl+D	向左移动唛架	←
全屏	Esc	缩小屏幕	PAGE DOWN
主工具条	S	放大屏幕	PAGE UP
图像工具条	H	局部放大	A
参数工具条	D	帮助	F1
衣片区	J	一键切换到制板	F8
面料管理	Ctrl+F	显示对象长度	T
撤销	Z	显示背景网络	G
恢复	V	逆时针旋转	–
移动工具	空格键	顺时针旋转	=
缩放	Q	逆时针旋转 90°	;
水平镜像	[	顺时针旋转 90°	'
垂直镜像	]	逆时针旋转 45°	,
软件锁屏	Ctrl+Q	顺时针旋转 45°	.
点片数 +Shift 键	取一块裁片的所有码		
点片数 +Ctrl 键	取一个号型的所有裁片		
点裁片按 ↑↓←→	移动裁片重叠，重叠量在微调量里修改		
空格键	按空格键裁片 180° 旋转		
左键点拉 床头边框	拖出床尾线		
额外取片	对着唛架上已放好的裁片，按 Ctrl+ 鼠标左键，弹出对话框，鼠标左键点击"是"		
框选裁片 按 Delete	将裁片从唛架上退回取片区		
右键双击	唛架区全屏显示		
滚轮上下移动	放大和缩小		
右键按下移动	平移唛架		

第六章　文件设置及输入输出

◆本章知识点
  1. 数字化仪输入
  2. 通用纸样格式的导入导出及批处理
  3. 系统设置
  4. 打印设置

◆学习目标
  1. 掌握数字化仪读图方法
  2. 掌握各种纸样格式的处理方法
  3. 理解系统设置
  4. 掌握打印方法

通过前面的学习，已经可以利用系统工具进行制板设计、放码和排料。本章将学习如何利用数字化仪进行读图以及如何将结构图或排料图等打印处理。

第一节　数字化仪

使用数字化仪进行读图之前，需要先配备好数字化仪。Kimo 制板系统的数字化仪的切换按键（图6-1）以及进入后自动弹出"读取参数"的对话框（图6-2）。

图6-1　数字化仪切换按键

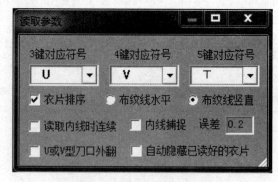

图6-2　"读取参数"对话框

一、游标按键说明

1. 数字 1 键

（1）读图时用于设置曲线中点。

（2）当取样片对话框出现时，此时在表格数字区按数字 1 键可以输入缝边量。

2. 数字 2 键

（1）读图时，在布纹线的起点、终点处按数字 2 键，可以设置布纹线方向；

（2）当取样片对话框出现时，此时在表格数字区按数字 2 键可以输入衣片翻转数量。

3. 数字 3 键
设置 U 型刀口。

4. 数字 4 键
设置 V 型刀口。

5. 数字 5 键
设置 T 型刀口。

6. 数字 6 键
（1）样片类型切换：当按下 A 键后，弹出样片类型对话框，按数字 6 键可以在毛样和净样之间切换。

（2）在读取样片之前按数字 6 键，可以校准左上角基准点。

7. 数字 7 键
输入表格放置的方位：在表格上有位置 1 和位置 2，依次按下数字 7 键即可。

8. 数字 8 键
校正尺寸：先按数字 8 键，准备校正尺寸；然后准备一个 300mm×300mm 的正方形，依次用数字 0 键输入正方形的顶点即可。

9. 数字 9 键
拾取最后一个样片。

10.A 键
开始一个新的裁片。

11.B 键
关闭取样片对话框以及关闭所有的提示对话框。

12.C 键
结束裁片。

13.D 键
（1）删除最后一个点。

（2）如果出现取样片对话框，按 D 键放弃生成的样片。

14.E 键
平移屏幕，如果连续按两次 E 键，则屏幕移动两次按键位置的间隔距离。

15.F 键
准备读取网格点：当出现取衣片对话框后，按下 F 键，再按下其他某个键，则选取这个网格。

二、参数配置

设置位置：如图 6-3 所示，点击 [⚙ Set] 进入"参数配置"对话框，选择"数字化仪设置"，选择数字化仪类型，设置数字化仪参数、刀口参数、尺寸校正，勾选"图像"选项，完成后"保存"即可。

三、尺寸校正

选择打开图像功能，打开一张带校正尺寸方框的图片（如将裁片放入一个 80cm×50cm 矩形内拍好的照片）。选择校正功能，将外框拉至 80cm×50cm 外框处，单击鼠标右键，如图 6-4 所示，在弹出的"重设图像大小"的对话框中将"宽度"设为 80 cm，"高度"设为 50 cm。注意不要勾选"关联"选项，勾选"自动增加矩形外框"，方便二次校正。

"重设图像大小"对话框如图 6-4 所示：

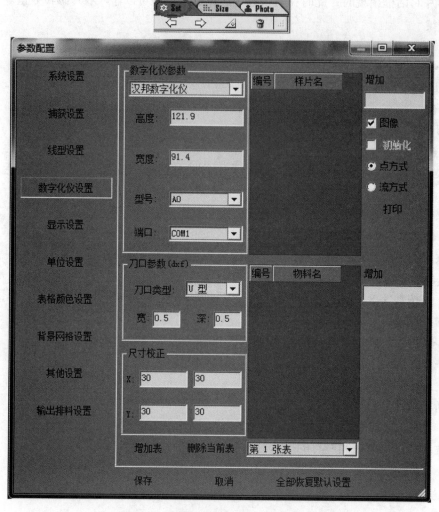

图 6-3 参数配置切换位置及对话框

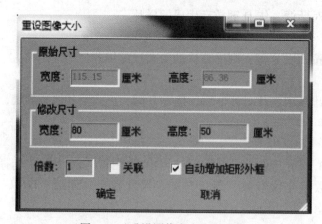

图 6-4 "重设图像大小"对话框

四、图片输入

选择 ◎ 读图模块，鼠标左键点击 ▆开始新裁片▆，沿着裁片外框描好裁片后单击鼠标右键，在弹出的对话框中设置裁片信息，再选择刀口类型打刀口及布纹线。

读取网状图时须勾选 ☑读取网状点，读每一个点的次数都必须和尺码表内尺码数量一致。打开尺码表，将号型数量设置为当前网图数量。网点读好后，单击鼠标右键设置为"端点"，注意网图的曲线控制点无须单击鼠标右键。

读入图片后，原图片文件就不需要了，选择"移动"功能选择图片，按 Delete 键删除图片。

五、输入顺序

输入顺序如下：

外轮廓线—内部线—剪口及标记—布纹线—设置裁片名称—生成样片。

第二节　导入导出与打印

一、导入与导出

打印的文件可能是由系统设计完成的，也可能是由其他软件生成的。Kimo 系统可以导入 *.dxf 和 *.plt 图形通用格式，也可以将系统文件格式导出为 *.dxf 和 *.plt 图形通用格式，方便与其他软件的交互使用，方便打印输出。

二、打印校正

打印前需要先进行尺寸校正，在"打印机设置"对话框（图 6-5）中设置"原有数据"和"调整数据"，以校正打印尺寸。

三、打印输出

在打印输出时需要先配备好打印机或者切割机。可以输出结构图、网状图、样片图、排料图。可以本机打印，也可以使用网络打印。

需要根据实际情况，在"打印机设置"对话框中设置打印内容（如纱向、裁片名称等）、彩色打印或是黑白打印方式、缩水、选择打印机类型、设置打印机端口、plt 输出路径等，完成后确定即可。

"打印机设置"对话框如图 6-5 所示。

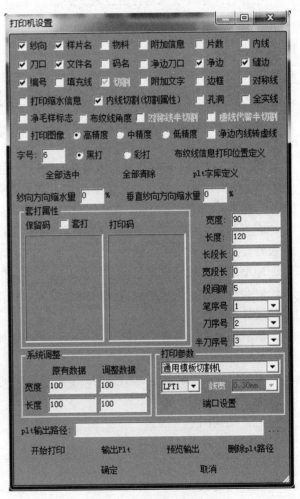

图 6-5　"打印机设置"对话框

第七章 案例学习

◆**本章知识**
1. 尺码表的建立
2. 智能"线条"工具用法
3. 智能"默认"工具用法
4. 智能"测修"工具用法
5. 常用工具用法

◆**学习目标**
1. 学习常规结构图绘制方法
2. 掌握常用工具用法
3. 能够独立完成常规结构图设计

第一节 男装衣身原型

一、款式描述

男装衣身原型即成年男性的服装基本纸样，是按照以西装为代表的翻驳领上衣的宽松量和领、肩、袖、撇胸等基础结构特点设计的，能够覆盖大部分消费者的体型，是男装原型法纸样设计的基础。胸围松量20cm，是男装的基础宽松量，在具体应用时根据具体款式要求等酌情处理，灵活地增加或者减少宽松量。

在男装原型的胸宽、背宽、袖窿深、领孔宽度和深度等均由带有胸围的公式计算而成，公式的系数以及修正常数，直接关系到各个细部绘制的准确与否。

原型的后肩线长度略长于前肩线，这是预留的后肩线缩缝量。前肩线结构图的绘制角度略平，后肩线绘制角度略大，这样的设置使得肩点稍向后移。从视觉上强化了男性肩部平而宽的特点，更加符合男装的设计审美要求。

前后袖窿曲线弧度"前凹后缓"的设计，更加符合人体的骨骼结构和运动规律，在西装、大衣等服装设计中都有很好的适用性。

本节以我国男装衣身原型为例，学习结构图的绘制方法。

二、结构图

结构图和数据如图7-1所示。

三、尺码表

建立尺码表，如图7-2所示，胸围为人体净尺寸。

四、操作步骤

1.绘制矩形辅助线（宽度=胸围/2+10，高度=背长）

选择"线条"工具，鼠标左键拖出矩形框，在数据框中设置宽度=胸围/2+10，高度=背长。

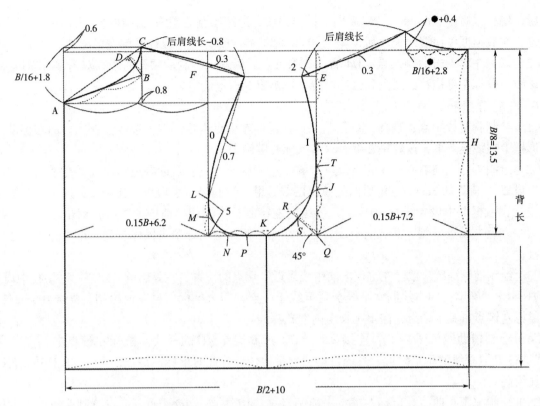

图 7-1 男装衣身原型结构图和数据

部位名	档差	165/84A	170/88A	175/92A*	180/96A	185/100A
胸围	4	84	88	92	96	100
背长	1	41	42	43	44	45

图 7-2 男装原型尺码表

提示：按 Q 键，则当前所绘制图形最大化显示。

2. 绘制袖窿深线（距离 = 胸围 /8+13.5）

选择"线条"工具，鼠标左键点击矩形框上边线，向下拖出平行线，在数据框中设置距离 = 胸围 /8+13.5。

3. 绘制侧缝线

选择"线条"工具，鼠标左键点击袖窿深线中点，系统可以自动捕捉，拉出白线，继续点击矩形框下边线中点，双击鼠标右键完成绘制。

4. 绘制胸宽线（距离 =0.15× 胸围 +6.2）、背宽线（距离 =0.15× 胸围 +7.2）

（1）选择"线条"工具，鼠标左键点击矩形框左边线，向右拖出平行线，在数据框中设置距离 =0.15× 胸围 +6.2。

（2）继续绘制背宽线：鼠标左键点击矩形框右边线，向左拖出平行线，在数据框中设置距离 =0.15× 胸围 +7.2。

（3）修剪多余的胸宽线、背宽线：从右下向左上拖出选择矩形框，包含胸宽线、背宽线、袖窿深线、侧缝线，鼠标右键直接在胸宽线、背宽线、侧缝线上的多余部分上单击，即可将多余部分剪掉，鼠标右键单击结束修剪。

5. 绘制后领孔

（1）选择"线条"工具，鼠标左键点击矩形框上边线靠近后颈点的位置，在弹出的"定点"对话框中设置，偏移 = 胸围 /16+2.8，确定后向上拉出白线，继续绘制后领深线，在竖直方向鼠标左键单击，双击右键，在数据框中设置线长 = 后领宽 /4+0.4= 胸围 /64+1.1，单击鼠标右键完成绘制。

（2）鼠标左键点击后侧颈点、1/4 后领宽附近点、后颈点绘制后领孔曲线，双击鼠标右键结束绘制；框选该线，鼠标左键拖移曲线点到合适位置，单击鼠标右键确定。

6. 绘制前领孔

（1）绘制胸宽线中点：选择"线条"工具，鼠标左键点击矩形框上边线左端点，向右移动到胸宽线与矩形框上边线交点上，按数字 2 键，双击鼠标右键确定完成等分。

（2）绘制等分点向右 0.8cm 的定位点：鼠标左键点击等分点附近右边的位置，在弹出的"定点"对话框中设置，偏移 =0.8cm，确定后向上拉出白线，继续绘制竖直小短线，在竖直方向鼠标左键单击，右键双击，在数据框中设置线长 =0.6cm；继续向左绘制长度不超出前中的短线，双击右键结束绘制；框选该短线靠近左端点一侧、框选前中线靠近上端点一侧，空白处单击鼠标右键，即可完成上述两条线的角连接；

（3）绘制前领深线：鼠标左键点击前中线靠近上端点的位置，在弹出的"定点"对话框中设置偏移 = 胸围 /16+1.8，确定；向右绘制水平线交背宽线于一点，双击鼠标右键完成绘制。框选 0.6cm 长小短线，单击鼠标左键点击其下端点，向下延长至前领孔深线。

（4）绘制辅助线（图 7-3）：连接 AB、AC，过 B 点作 AC 的垂线：鼠标左键点击 B 点，光标移至 AC 线上过 B 点垂线的垂足附近，系统自动捕捉垂线位置，此时鼠标左键点击 AC，单击鼠标右键即可完成垂线绘制。

（5）绘制前领孔曲线：鼠标左键点击前颈点 A、AB 中点、BD 中点、C 点绘制曲线，双击鼠标右键完成前领孔曲线绘制。

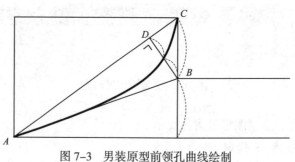

图 7-3　男装原型前领孔曲线绘制

7. 绘制后肩线

（1）选择"线条"工具，鼠标左键点击背宽线上端点，向下捕捉前领孔深线与背宽线交点，按数字 2 键找到等分点 E；鼠标左键点击等分点 E，向左绘制水平线交胸宽线于一点 F，双击鼠标右键结束绘制；鼠标左键点击后侧颈点，鼠标左键点击 EF 线靠近 E 点一侧做定位点，设置偏移 =2cm，确定双击鼠标右键完成后肩线初级形态绘制。

（2）选择"测修"工具，鼠标左键点击后肩点、后侧颈点，测量后肩线长度，在数据上双击鼠标左键，增加变量"后肩线长"，鼠标左键点击"增加"后，再点击"取消"即可完成新变量添加。"尺寸修改"对话框如图 7-4 所示。

（3）选择"线条"工具，鼠标左键点击后侧颈点到后肩点之间连线的中点，向内做 0.3 cm 的垂线；连接后侧颈点、垂线定点、后肩点，双击鼠标右键完成后肩线绘制。后肩线绘制如图 7-5 所示。

8. 绘制前肩线（长度 = 后肩线长 -0.8）

前肩线绘制如图 7-6 所示。

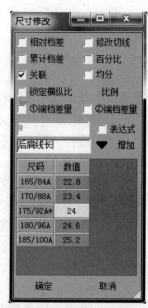

图 7-4　"尺寸修改"对话框

（1）选择"线条"工具，鼠标左键点击前侧颈点，数据框中设置定长 = 后肩线长 –0.8，鼠标左键点击直线 *EF*，单击鼠标右键完成前肩线初级形态绘制。

（2）光标移动到前侧颈点到前肩点的连线上，按数字 3 键，单击鼠标右键完成三等分。过靠近前肩点的等分点向上作 0.3 cm 的垂线。

（3）鼠标左键点击前侧颈点、垂线定点、前肩点，双击鼠标右键完成前肩线绘制。

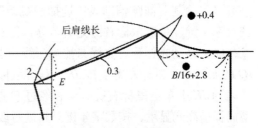

图 7–5 后肩线绘制

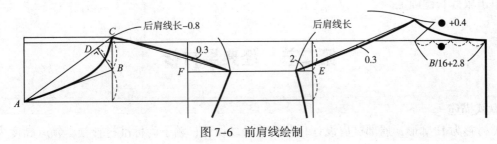

图 7–6 前肩线绘制

9. 绘制前袖窿曲线

前袖窿曲线绘制如图 7–7 所示。

（1）绘制前袖窿辅助线：选择"线条"工具，鼠标左键点击胸宽线靠近下端点一侧，在弹出的"定点"对话框中设置偏移 =5cm，得到定位点 *L*；鼠标左键向下移动到胸宽线与袖窿深线的交点处，系统自动捕捉，按数字 2 键，得到 5cm 短线的中点 *M*，单击鼠标右键确定；点击侧缝线与袖窿深线的交点，光标移到胸宽线下端点，按数字 3 键完成三等分，连接 *M* 与左侧等分点 *N*，双击鼠标右键完成；连接前肩点和 *L* 点，在 1/2 的位置向左作 0.7 cm 的垂线：鼠标左键点击中点，光标移至该线，系统自动捕捉呈高光显示，单击鼠标右键点击该线，向前颈点方向拉出垂线，鼠标左键单击，设置垂线长度 =0.7cm，单击鼠标右键确定。

（2）绘制前袖窿曲线：选择"线条"工具，鼠标左键点击前肩点、*O* 点、*L* 点、*MN* 中点、*P* 点、*K* 点，双击鼠标右键结束绘制；鼠标左键框选前袖窿曲线，鼠标左键拖动曲线点调整到合适位置，单击鼠标右键确定。

10. 绘制后袖窿曲线

后袖窿曲线绘制如图 7–8 所示。

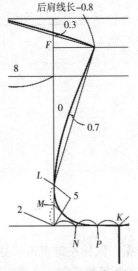

图 7–7 前袖窿曲线绘制

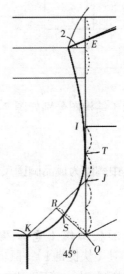

图 7–8 后袖窿曲线绘制

（1）绘制后袖窿辅助线：选择"线条"工具，鼠标左键点击后颈点，移动到后中与袖窿深线交点，按数字 2 键，单击鼠标右键完成等分，得到等分点 H；鼠标左键单击 H 向左作水平线，与背宽线交于 I 点；向下移动光标到背宽线与袖窿深线交点 Q，系统自动捕捉，按数字 4 键，单击鼠标右键完成对直线 IQ 的四等分；鼠标左键连接 JK，双击鼠标右键完成；鼠标左键点击背宽线与袖窿深线的交点 Q，光标移动到 JK 上单击鼠标右键，绘制经过 Q 点的 45° 角分线与 JK 交于 R 点；光标移动到 QR 上，系统自动捕捉呈高光显示，按数字 4 键对其进行四等分，单击鼠标右键确定。

（2）绘制后袖窿曲线：选择"线条"工具，鼠标左键点击后肩点 E、T 点附近位置（为了便于曲线调整）、S 点、K 点，双击鼠标右键结束绘制；鼠标左键框选后袖窿曲线，鼠标左键拖动曲线点调整到合适位置，单击鼠标右键确定。

第二节　经典男衬衫

一、款式描述

经典男衬衫为 H 廓形，肩部过肩设计，左胸单口袋设计；领子为标准衬衫领，领座高度为 3cm，领面高度为 4cm；袖子为标准衬衫袖，袖头双活褶和宝剑头设计，袖头宽度为 6cm；门襟为明门襟，宽度为 3.6cm；纽扣为领座一粒扣，衣身五粒扣，其中衣身最上面一粒扣距领口 6cm，方便平时解开领口纽扣穿着而不会暴露过多。胸围松量 20cm，单穿或者搭配合西装、夹克等外套均可。

二、款式图

款式图如图 7-9 所示。

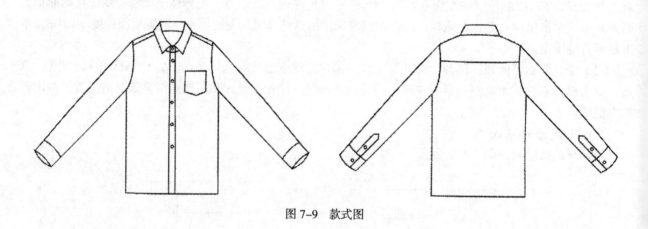

图 7-9　款式图

三、结构图

衣身、领子及袖子结构图分别如图 7-10 ~ 图 7-12 所示。

四、尺码表

建立尺码表，其中胸围为成品胸围尺寸，如图 7-13 所示。

五、操作步骤

1. 绘制衣身矩形辅助线（宽 = 胸围 /2，高 = 衣长）

选择"线条"工具（快捷键 I），鼠标左键拖框，输入数据，鼠标左键点击"宽度"右侧黑色三角，在虚拟键盘中选择"胸围 /2"，确定；鼠标左键点击"高度"右侧黑色三角，在虚拟键盘中选择"衣长"，

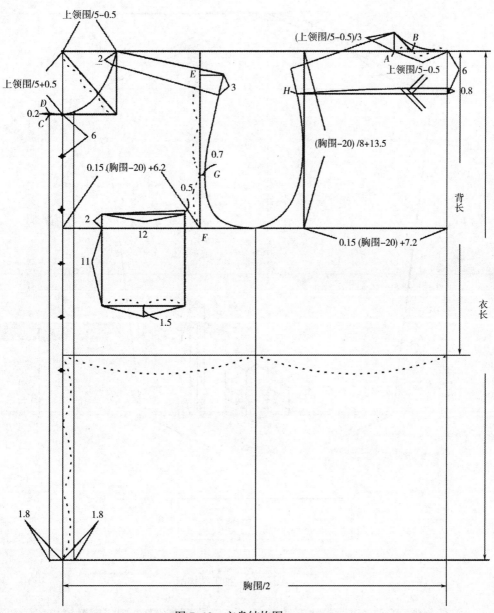

图 7-10　衣身结构图

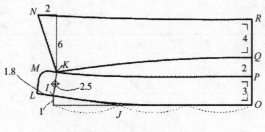

图 7-11　领子结构图

确定。

数据框设置如图 7-14 所示。

2. 绘制袖窿深线 [（胸围 -20）/8+13.5；绘制腰线：背长]

选择"线条"工具，鼠标左键点击矩形上边线拖出平行线，点击"线长"右侧黑色三角，在虚拟键盘中选择"胸围 /8+13.5"，确定完成平行线绘制。

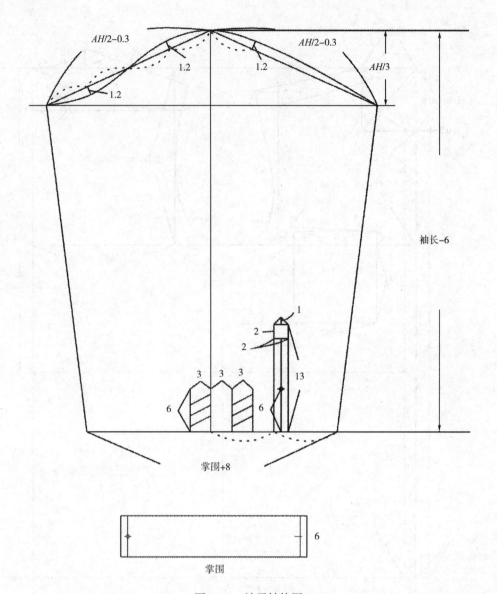

图 7-12   袖子结构图

部位名	档差	165/88A	170/92A	175/96A*	180/100A	185/104A
胸围	4	104	108	112	116	120
衣长	1.5	69	70.5	72	73.5	75
肩宽	2.4	43.2	45.6	48	50.4	52.8
袖长	1.5	59	60.5	62	63.5	65
背长	1	41	42	43	44	45
上领围	1	40	41	42	43	44
掌围	1	26	27	28	29	30

图 7-13   男衬衫尺码表

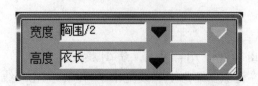

图 7-14   数据框设置

重复操作，设置平行间距为"背长"，确定后完成。

3. 绘制袖窿深线中点和底摆线中点连线

选择"线条"工具，光标靠近袖窿深线中点，可以自动捕捉。鼠标左键单击袖窿深浅中点，鼠标左键单击底摆线中点，双击鼠标右键完成绘制。

4. 绘制胸宽线 [0.15×（胸围 −20）+6.2；绘制背宽线：0.15×（胸围 −20）+7.2]

选择"线条"工具，鼠标左键点击矩形左边线拖出平行线，点击"线长"右侧黑色三角，在虚拟键盘中选择"0.15×（胸围 −20）+6.2"，确定后完成胸宽线绘制。

鼠标左键点击矩形右边线拖出平行线，设置平行间距为"0.15×（胸围 −20）+7.2"，确定后完成背宽线绘制。

5. 修剪胸宽线、背宽线

选择"线条"工具，框选胸宽线和袖窿深线，在袖窿深线下面的胸宽线上单击鼠标右键，即可将袖窿深线以下多余的胸宽线删除，单击鼠标右键结束。

选择"线条"工具，框选背宽线和袖窿深线，在袖窿深线下面的背宽线上单击鼠标右键，即可将袖窿深线以下多余的背宽线删除，单击鼠标右键结束。

男衬衫基础辅助线绘制如图 7–15 所示。

6. 绘制前、后领孔辅助线

前后领孔辅助线绘制如图 7–16 所示。

（1）绘制前领孔辅助线（宽 = 上领围 /5−0.5，长 = 上领围 /5+0.5）。

①选择"线条"工具，鼠标左键单击矩形框上边线，在弹出的"定位点"对话框中设置前领孔宽，确定完成。

②连接对角线，单击鼠标右键结束；光标靠近该对角线，按数字 3 键，进行三等分，单击鼠标右键完成。

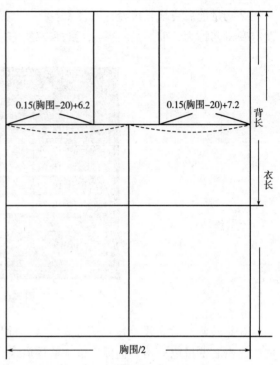

图 7–15　男衬衫基础辅助线绘制

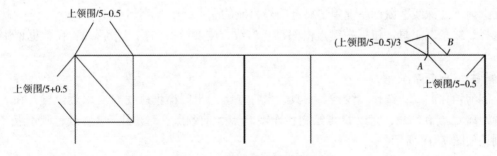

图 7–16　前后领孔辅助线绘制

（2）绘制后领孔辅助线 [宽 = 上领围 /5−0.5，长 =（上领围 /5−0.5）/3]。

①选择"线条"工具，鼠标左键单击矩形框上边线，在弹出的"定位点"对话框中设置后领孔宽，确定完成。

②继续向上绘制后领孔深，设置数据为（上领围 /5−0.5）/3，单击鼠标右键结束。

③连接后领孔宽进行三等分，光标点击后中点，拉出白线后靠近 A 点，按数字 3 键，单击鼠标右键完成等分。

④连接后侧颈点和 B 两点，双击鼠标右键两次结束。

7. 绘制前、后肩线 [后肩线肩斜 =（胸围 −20）/20−2，前肩线肩斜 =（胸围 −20）/36]

（1）绘制后肩线：选择"线条"工具，鼠标左键单击后侧颈点，在背宽线上靠近上端点鼠标左键单击，在弹出的"定位点"对话框中设置数据为（胸围 −20）/20−2，确定完成；框选该线，鼠标左键单击靠近肩点一侧的端点，延长 2 cm，单击鼠标右键则后肩线绘制完成。

（2）绘制前肩线：

①绘制部分前肩线：选择"线条"工具，鼠标左键单击前侧颈点，在胸背宽线上靠近上端点鼠标左键单击，在弹出的"定位点"对话框中设置数据为（胸围 −20）/36，确定完成。

②测量前后肩线长度差：选择"多测"工具，框选后肩线，框选前肩线，双击"符号"改为"−"号，设定变量名称为"前后肩线差"，鼠标左键点击"增加"即可；"多点测量"对话框如图 7−17 所示。

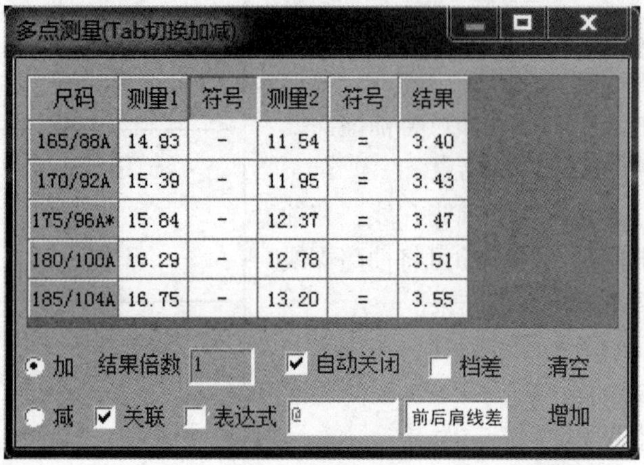

图7-17 用多点测量设定变量"前后肩线差"

③延长到与后肩线等长：框选未完成的前肩线，鼠标左键单击靠近肩点一侧的端点，延长，在数据框中点击右侧黑色三角，选择变量"前后肩线长度差"，单击鼠标右键则前肩线绘制完成。

8. 绘制前门襟（门襟止口距离前中 1.8 cm，门襟宽度 =3.6 cm）

（1）选择"线条"工具，鼠标左键点击前中拖出平行线，在数据框中设置到前中距离为 1.8 cm，单击鼠标右键确定完成；框选下摆线，鼠标左键单击靠近门襟一侧的端点，延长到门襟止口，系统可以自动捕捉；框选前领孔深线，鼠标左键单击靠近门襟一侧的端点，延长到门襟止口。

（2）选择"线条"工具，鼠标左键点击门襟止口线，向侧缝方向拖出平行线，在数据框中设置两线间距 3.6 cm。

9. 绘制前、后领孔曲线

（1）绘制前领孔曲线：选择"线条"工具，鼠标左键点击门襟止口线 D 点附近位置，在"定点"对话框中设置距离 C 点 0.2 cm，完成 D 点绘制；连接 D 点、前颈点、对角线下 1/3 点、侧颈点，完成前领孔曲线绘制，如图 7−18 所示。

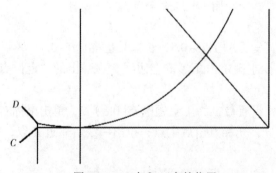

图 7-18   C 点和 D 点的位置

（2）绘制后领孔曲线：选择"线条"工具，鼠标左键点击后颈点、中间点、后侧颈点，单击鼠标右键确定完成；框选后领孔曲线，鼠标左键拖动该线到合适的位置，单击鼠标右键确定完成后领孔曲线绘制。

10. 绘制前、后袖窿曲线

（1）绘制前袖窿曲线：选择"线条"工具，过前肩点向胸宽线作垂线，垂足为 E，单击鼠标右键一次；继续移动光标到 F 点（如图7-19所示，F 为胸宽线与袖窿深线交点），光标自动捕捉，按数字3键对其进行三等分，单击鼠标右键结束；取靠下的等分点向右绘制水平线0.7cm，得到 G 点，连接前肩点、G 点、腋下点，完成前领孔曲线绘制。

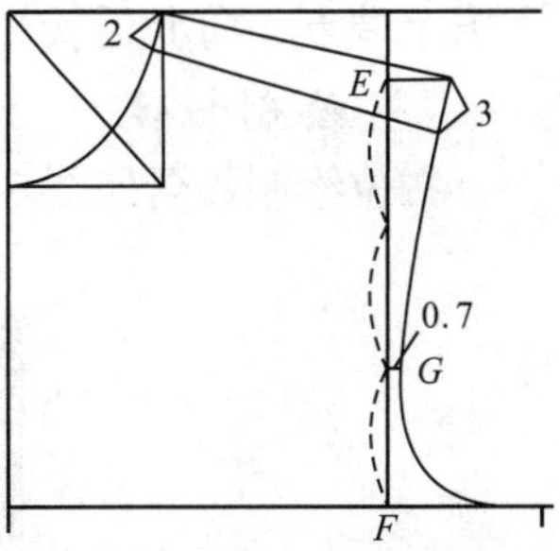

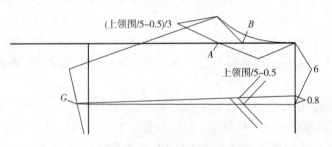

图7-19　前过肩分割线绘制

（2）绘制后袖窿曲线：过后肩点向腋下点作后袖窿曲线，完成后分别框选前、后袖窿曲线，拖动曲线点调整曲线造型直到满意为止。

11. 绘制前、后过肩分割线

前过肩分割线绘制如图7-19所示。

（1）绘制前过肩分割线：选择"线条"工具，前领孔靠近前侧颈点的位置绘制定位点，距离为2cm，点击鼠标右键一次；继续点击前袖窿曲线靠近前肩点的定位点，距离为3cm，双击鼠标右键完成前过肩分割线绘制。

后过肩分割线如图7-20所示。

（2）绘制后过肩分割线：选择"线条"工具，在后中线上作定位点，在"定位"对话框中输入数据6cm，确定；向后袖窿曲线作水平线，完成后双击鼠标右键结束绘制。绘制后身片与后过肩交叠量：过后中6cm定位点向上0.8cm绘制定位点，向左与水平线端点 G 曲线连接，后中附近保持与后中垂直。

图7-20　后过肩分割线绘制

12. 绘制口袋

口袋绘制如图7-21所示。

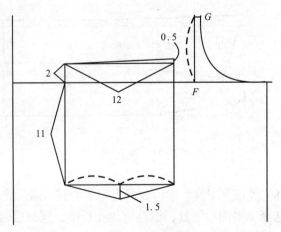

图7-21　口袋绘制

（1）选择"线条"工具，距离前中5.8cm绘制定位点，"定位"数据框设置完成确定后，再竖直向上2cm；水平向右12cm绘制直线，竖直向下13cm绘制直线，向左12cm绘制水平直线，向上连接起始定位点。

（2）过最下水平线中点向下1.5cm绘制口袋下尖点，连接左右两个端点；框选最右边线，鼠标左键点击上端点，向上延长0.5cm，连接左侧端点，完成口袋绘制。

13. 绘制扣位

扣位绘制数据如图7-22所示。

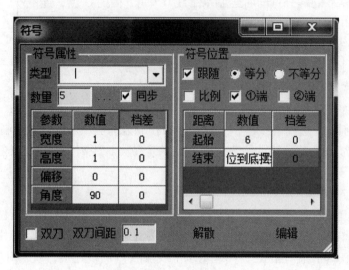

图7-22 扣位绘制数据

（1）选择"线条"工具，鼠标左键单击前中与腰线的交点，光标向下捕捉前中与底摆线交点，点击数字3键，完成对腰线以下三等分；切换到测修工具，测量腰线到底摆线间距离的2/3，添加变量为"最下扣位到底摆线距离"。

（2）选择"符号"工具，鼠标左键单击前中靠近前颈点的位置，在弹出的"定位"对话框中设置偏移量=6cm，在"符号"对话框中选择符号类型、设置数量为5、"符号位置"勾选"跟随""①端"，起始位置距离①端为6cm，结束位置距离下摆线为"最下扣位到底摆线距离"，鼠标右键单击扣位绘制完成。

14. 领子绘制

领子绘制如图7-23所示。

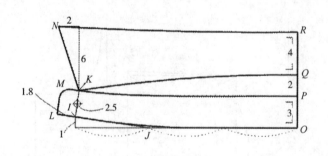

图7-23 领子绘制

（1）绘制领子后中：选择"线条"工具，空白处竖直向上绘制3cm，继续向上2cm，继续向上4cm。

（2）绘制水平参考线：选择"多测"工具，框选前领孔长度，框选后领孔长度，测量的结果为前后领孔长度和，设为新变量"前后领孔长"。

（3）选择"线条"工具，从领子后中下端点水平向左绘制参考线，长度设为"前后领孔长"。

（4）继续向上绘制 1cm，得到 I 点。

（5）将水平辅助线三等分：光标靠近水平辅助线，按数字 3 键，单击鼠标右键完成；靠左的等分点命名为 J。

（6）连接 IJ，框选 IJ，鼠标左键点击 I 点，顺势延长 1.8cm 到 L 点；继续做 IJ 的垂线：鼠标左键点击 L 点，光标捕捉 IJ 呈高光显示，在 IJ 上单击鼠标右键，拉出垂线 LM，设置垂线长度为 2.5cm；过 I 点作 IJ 的垂线 IK，垂线长度为 2.5cm。

（7）过 K 点竖直向上绘制直线 6cm，继续向左 2cm。

（8）曲线连接 O、I、L，并调整到合适造型；曲线连接 P、K、M，并调整到合适造型；曲线连接 Q、K，并调整到合适造型；曲线连接 R、N，并调整到合适造型；以上所有曲线在后中附近需要保持与后中垂直。

（9）M 点拉圆角：选择"线条"工具，框选 MK、ML 两条直线，鼠标左键向内拖移 M 点至拉出圆角，设置圆角半径为 1cm。

（10）绘制领子扣位：选择"符号"工具，选择符号类型，设置数量为 1，符号位置"跟随""①端"，起始数值为 1.25，在领子前中线 KI 中点上单击鼠标左键，单击鼠标右键即可完成添加扣位符号。

15. 绘制袖子基础辅助线

（1）选择"多测"工具，框选前袖窿曲线，再框选后袖窿曲线，测得前后袖窿曲线长度和，添加新变量"AH"。

（2）选择"线条"工具，绘制水平直线，长度选择"AH"，双击鼠标右键结束；鼠标左键点击水平线中点，向上绘制竖直线条，长度设置为"$AH/3$"；框选该竖直线条，点击线条下端点，向下延长"袖长 $-6-AH/3$"。

16. 绘制袖山参考线

（1）选择"线条"工具，鼠标左键点击袖山顶点，在线长里输入定长值"$AH/2-0.3$"移动光标到袖山底线左侧上，系统自动捕捉呈高光显示，鼠标左键点击袖山底线，单击鼠标右键结束即可完成前袖山参考线绘制；继续绘制另外一侧的袖山参考线，数据完全相同，光标移动方向相反，完成右袖山参考线绘制。

（2）对前袖山参考线进行四等分：光标靠近前袖山参考线，系统自动捕捉呈高光显示，按数字 4 键，点击鼠标右键即可完成等分；在靠上的等分点向外做垂线：鼠标左键点击靠上的等分点，鼠标右键点击前袖山参考线，向外拉出垂线，设置线长 =1.2cm，单击鼠标右键即可完成垂线绘制；在靠下的等分点向内作垂线：鼠标左键点击靠下的等分点，鼠标右键点击前袖山参考线，向内拉出垂线，单击鼠标左键，单击右键，设置线长 =1.2cm，单击鼠标右键即可完成垂线绘制。

（3）绘制后袖山参考点：选择"测修"工具，鼠标左键点击前袖山参考线靠上等分点、袖山顶点，测量结果定义为"四等分前袖山"添加进变量；在后袖山辅助线上作定位点，"偏移"设为与"四等分前袖山"变量值相等；向外拉出白线，鼠标右键点击后袖山参考线，向外拉出垂线，单击鼠标左键，单击右键设置垂线长度 =1.2cm，单击鼠标右键即可完成垂线绘制。

17. 绘制袖山曲线

选择"线条"工具，依次点击左侧袖山底线上定长点、四等分垂线内端点、中点、四等分垂线外端点、袖山顶点、后袖山参考线垂线外端点、右侧袖山底线上定长点，双击鼠标右键完成绘制；根据袖山曲线长度应与袖窿曲线长度相符的原则，适当调整袖山曲线长度。

18. 绘制袖下摆线

选择"线条"工具，鼠标左键点击袖长下端点，水平向右绘制水平直线，线长 = 掌围 $/2+4$，双击鼠标右键结束绘制；绘制另一半，鼠标左键点击袖长下端点，水平向左绘制水平直线，线长 = 掌围 $/2+4$，双击鼠标右键结束绘制。

19. 绘制袖侧缝

选择"线条"工具，连接前袖山底端点、前袖下摆端点，双击鼠标右键结束绘制；继续完成另一条，连接后袖山底端点、后袖下摆端点，双击鼠标右键结束绘制。

20. 绘制袖宝剑头

绘制宝剑头完整纸样，如图 7-24 所示。

（1）选择"线条"工具，在右侧后下摆线中点单击鼠标左键，向上绘制竖直线条，长度 =13cm，继续向右绘制水平线条，长度 =2cm，继续向下绘制竖直线条，长度 =13cm；在最上方 2cm 水平短线中点处单击鼠标左键，向上绘制 1cm 竖直短线，顶点分别与 2cm 水平短线左右两个端点连线；鼠标左键点击最上方 2cm 短线向下拖出平行线，距离 =2cm，完成袖宝剑头造型绘制。

（2）绘制宝剑头扣位：过第二条 2cm 短线中点向下绘制竖直线条，到后下摆线结束；选择"符号"工具，在类型里选择扣位符号，在刚绘制的宝剑头中心线上靠近下端点的位置单击鼠标左键，在弹出的"定点"对话框中设置偏移 =6cm，确定，鼠标右键单击扣位完成添加。

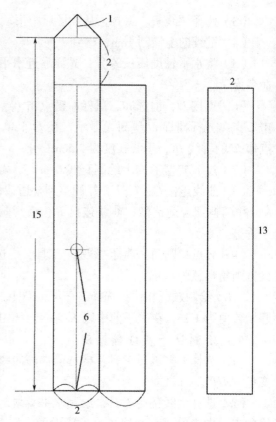

图 7-24　袖宝剑头绘制

21. 绘制袖头活褶（宽度 =3cm，高度 =6cm）

（1）选择"符号"工具，在类型里选择左低右高活褶符号，设置数量为 1，因为该符号按中心位置计算数据，所以要在位置数值上加上活褶宽度 /2。

（2）左侧活褶：选择"符号"工具，在左侧前袖下摆右端点附近鼠标左键单击，在"定点"对话框中设置偏移 =1.5cm，确定，光标拉出白线向上移动，单击鼠标左键，指示活褶符号的绘制方向，单击鼠标右键确定即可；"符号"对话框设置如图 7-25 所示。

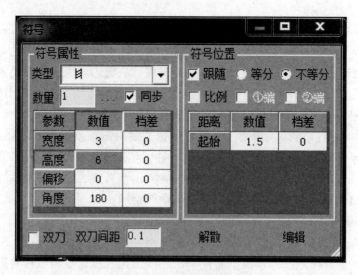

图 7-25　左侧活褶设置

（3）右侧活褶：选择"符号"工具，在右侧后袖下摆左端点附近单击鼠标左键，在"定点"对话框中设置偏移 =4.5cm，确定，光标拉出凸线向上移动，鼠标左键单击，指示活褶符号的绘制方向，单击鼠标右键确定即可；"符号"对话框设置如图 7-26 所示。

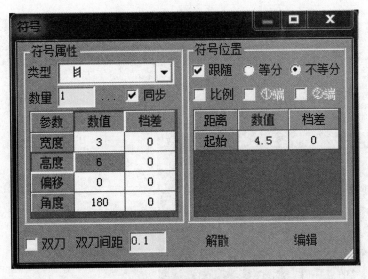

图 7-26 右侧活褶设置

22. 绘制袖克夫（宽度 = 掌围，高度 =6cm）

（1）选择"线条"工具，鼠标左键拖出矩形框，在数据框中设置数据，宽度 = 掌围，高度 =6cm，单击鼠标右键即可完成袖克夫绘制。

（2）添加扣眼和扣位：绘制矩形左右两条边线的平行线，距离均为 1cm；选择"符号"工具，在"符号"对话框中设置符号类型、数量，在平行线中点上点击鼠标左键，在弹出的"符号偏移"对话框直接确定，单击鼠标右键即可完成添加。

袖克夫绘制如图 7-27 所示。

六、取片

（1）选择"取片"工具，在弹出的"取样片标志"对话框中选择"样片"选项。如果勾选"自动添加内线"，则直接框选结构图，最外轮廓自动定义为轮廓线，内部线条自动定义为内部线。"取样片标志"对话框设置如图 7-28 所示。

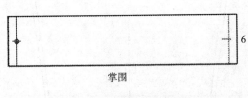

图 7-27 袖克夫绘制

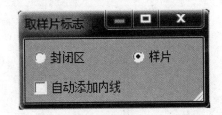

图 7-28 "取样片标志"对话框

（2）鼠标左键依次点击各个裁片的外轮廓线，完成后单击鼠标右键结束；鼠标左键继续点击内部线，完成后单击鼠标右键结束，如果没有内部线直接点击鼠标右键结束；在弹出的"取样片"对话框中设置样片名称（可以在右侧下拉菜单中选取，也可以直接编辑设置）、物料名称、本片数和翻转片数（除了后身片、口袋翻转片数为 0，其他片均为 1）、纱向角度（也可以在示例框中的纱向箭头上直接拖拽至合适的方向）。设置缝边宽度及档差，选择纱向类型、勾选保存名称（新定义的样片名会自动保存进名称库里）、勾选"经纱对称"（样片翻转时按照经纱方向翻转），确定即可完成设置；单击鼠标左键，将裁片放置在合适的空白处，取片完成。

领面"取样片"对话框如图 7-29 所示。

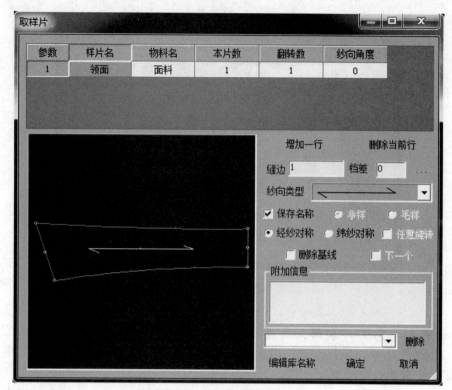

图 7-29 领面"取样片"对话框

男衬衫样片取出图如图 7-30 所示。

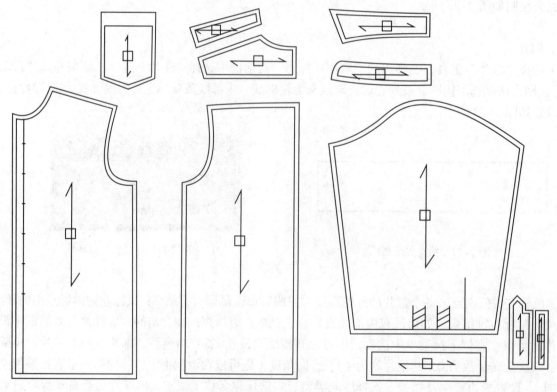

图 7-30 男衬衫样片

七、样片处理

男衬衫样片处理如图 7-31 所示。

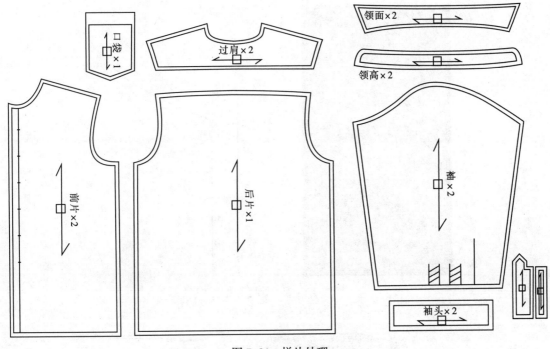

图 7-31 样片处理

1. 过肩处理

过肩部分分别在前衣身和后衣身上设计的，需要把两个部分合并在一起。选择"割并"工具，鼠标左键点击过肩后片部分的肩线靠近后侧颈点一端（样片不动部分），再点击过肩前片部分的肩线靠近前侧颈点一端（样片移动部分），两个样片合并在一起。

提示：进行样片合并时，配合 Shift 键则保留合并边为内部线。

2. 样片对称展开

选择"对称"工具，鼠标左键点击过肩片的后中净边线，完成过肩片的对称展开；鼠标左键点击领面和领座的后中净边线，完成领子的对称展开鼠标；鼠标左键点击后身片的后中净边线，完成后身片的对称展开。

八、切角处理

根据缝纫需求，将前片腋下、后片腋下、袖山两端的切角，设置为"直角切角"。

选择"切角"工具，在弹出的"缝边角处理"对话框中设置"角类型"为直角，直接用鼠标左键点击前片腋下侧缝净边、后片腋下侧缝净边、袖山两端的袖缝合线净边，即可完成对以上部位的切角处理。

衣身腋下处切角处理数据和样片局部放大如图 7-32 所示。

九、全部号型显示

因为采用公式法进行结构图的绘制，点击"全部"时，尺码表中的 5 个号型规格全部显示，如图 7-33 所示。

十、排料

排料方案根据生产需要可以有很多种，以每个号型规格一件为例进行排料。

首先在 Kimo 制板里导出样片文件，文件名保存为"经典男衬衫"。再 Kimo 排料，点击新建，在弹出的"输出衣片到排料区"的对话框（图 7-34）中设置面料幅宽 =160，排料方式选择"自由排"，确定。

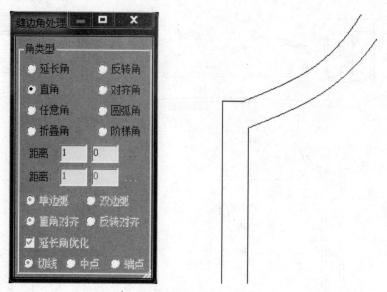

图 7-32　腋下处切角处理

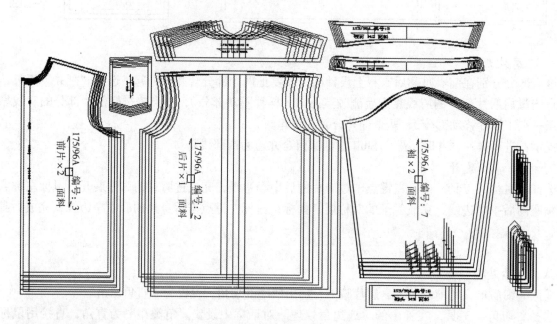

图 7-33　显示全部号型

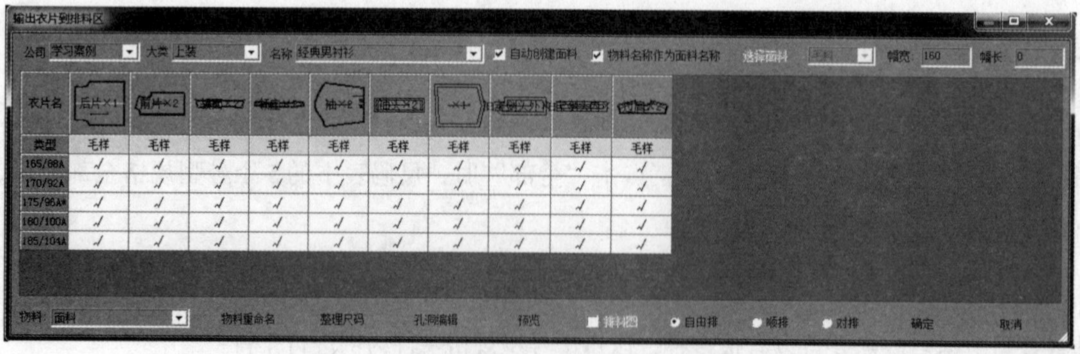

图 7-34　"输出衣片到排料区"对话框

进入排料区后，可以使用"超排"或者"自排"，必要时结合手动排料，完成最终的排料方案，如

图 7-35 所示。

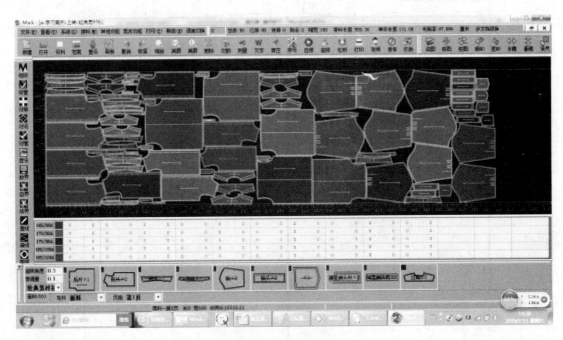

图 7-35　排料方案

第三节　青年一步裙

一、款式描述

裙长处于膝盖以上的位置，8 个省的设置，更好地塑造了裙身腰臀部位的立体造型。臀部 4cm 松量，满足人体运动时的臀围基本扩张量，又展现出穿着者充满青春、活力的精神面貌。

二、款式图

款式图如图 7-36 所示。

三、结构图

结构图如图 7-37 所示。

四、尺码表

建立尺码表，如图 7-38 所示。

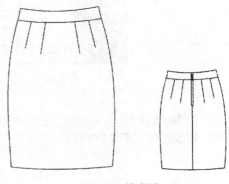

图 7-36　款式图

五、操作步骤

1. 绘制矩形框（宽 = 臀围 /2，高 = 裙长）

选择"线条"工具，鼠标左键拖框，输入数据。

2. 绘制矩形宽度方向中线

直线连接矩形上、下边线的中点。选择"线条"工具，光标靠近矩形宽度方向直线中点，可以自动捕捉。鼠标左键单击中点，靠近另外一条宽度线中点单击鼠标左键，完成中线绘制，双击鼠标右键完成。

3. 绘制臀围线

选择"线条"工具，按住矩形上边线拖出平行线，输入数据，距离 = 腰节高 -3。

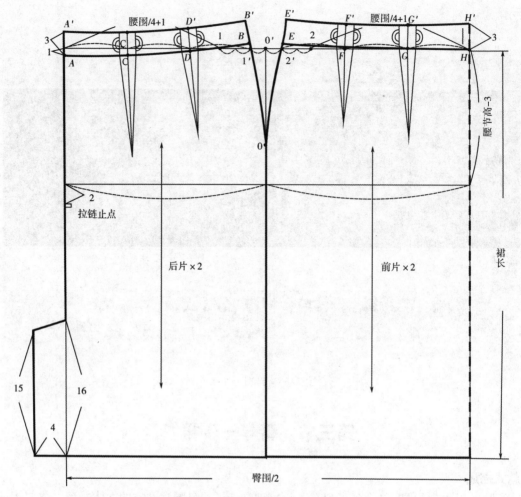

图 7-37 结构图

部位名	档差	155/64A	160/68A	165/72A*	170/76A	175/80A
腰围	4	64	68	72	76	80
臀围	4	90	94	98	102	106
裙长	1	46	47	48	49	50
腰节高	0.8	17.4	18.2	19	19.8	20.6

图 7-38 尺码表

4. 绘制腰线

腰线绘制如图 7-39 所示。

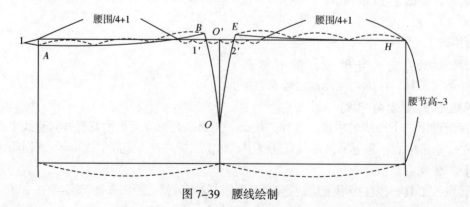

图 7-39 腰线绘制

（1）绘制后腰线：选择"线条"工具（快捷键I），腰线上加定位点，到后中的距离 = 腰围 /4+1，按住 Ctrl 键 + 鼠标右键，在该位置添加一个定位点。鼠标左键点击该定位点，光标移动到腰线中点上，按数字 3 键，即完成三等分。

鼠标左键点击右侧等分点，鼠标左键点击中线向上靠近臀围线的位置，在对话框中输入 5cm，单击鼠标右键结束，定义该点为 O 点；框选该线条，鼠标左键拖动，可以调整线条造型，调整至合适的弧度，单击鼠标右键即可；鼠标左键框选该线，点击线条上端点，即可斜向上顺势延长，数据框中设置数据 0.8cm，单击鼠标右键即可完成 B 点绘制。

后中向下绘制定位点，靠近矩形左边线上端点处单击鼠标左键，设置对话框，距离 =1 cm，单击鼠标右键完成 A 点的绘制；鼠标左键点击 B 点，得到 AB 连线，框选该线，鼠标左键拖移到合适位置，调整 AB 线造型符合后腰线要求，注意保证 B 端为直角。

（2）绘制前腰线：选择"线条"工具，连接 OE；框选该线，调整 OE 造型符合腰部侧缝线要求，单击鼠标右键完成；框选调整好的曲线 OE，鼠标左键单击 E 点，顺势向上延长 0.8cm；直线连接 EH，框选该线，鼠标左键拖移至前腰线合适造型位置，注意 E 端保证直角，单击鼠标右键结束，完成前腰线绘制。

5. 绘制后中拉链止点

选择"线条"工具，在后中上臀围线以下距离 2cm 绘制 I 点，单击鼠标右键确定即可完成，如图 7-40 所示。

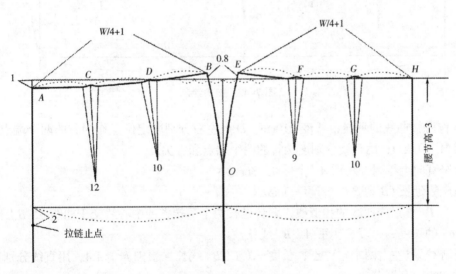

图 7-40　拉链止点绘制

6. 绘制后开衩

后开衩绘制如图 7-41 所示。

选择"线条"工具，在后中靠近下端点绘制定位点，设置位移 =16cm，为后开衩长度；绘制后开衩宽度 =4cm 以及后开衩上端倾斜为 1cm。

7. 绘制腰头

腰头绘制如图 7-42 所示。

（1）绘制后腰头：

①对后腰曲线 AB 进行三等分，光标移到该线上，该线被系统自动识别呈高光显示，按数字 3 键，即可完成三等分，单击鼠标右键结束，分别记为 C 点、D 点；测量后腰曲线 AB 长度，并记为变量"后腰线长"。

②过 C 点作后腰曲线的垂线，长度 =12cm，C 点左右分别取定位点作为省的两个端点，长度 =（后腰线长 – 腰围 /4–1）÷4；用直线分别连接省的两个端点和省尖。

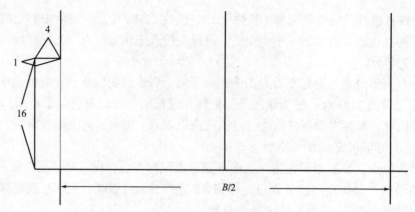

图 7-41 后开衩绘制

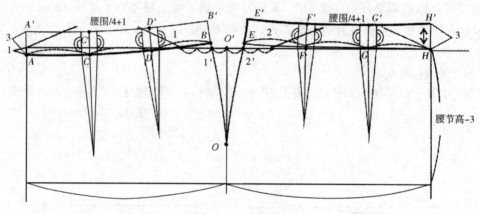

图 7-42 腰头绘制

③过 D 点作后腰曲线的垂线，长度 =10cm，D 点左右分别取定位点作为省的两个端点，长度 =（后腰线长 – 腰围 /4–1）÷4；用直线分别连接省的两个端点和省尖。

④过 A 点竖直向上绘制直线到 A '，长度 =3cm。

⑤过 B 点顺势延长 0B 到 B '，长度 =3cm。

⑥过点 A '、B '作后腰曲线的相似线，顺势延长两个后腰省的中心线交于曲线 A ' B '于点 C '、D '；测量曲线 A ' B '的长度，并设为变量 A ' B '线长。

⑦分别绘制 C '点左右两个定位点，长度 =（A ' B '线长 – 腰围 /4）÷4；用直线分别连接这两个定位点和 C 点的省的两个端点。

⑧分别绘制 D '点左右两个定位点，长度 =（A ' B '线长 – 腰围 /4）÷4；用直线分别连接这两个定位点和 D 点的省的两个端点。

（2）绘制前腰头：

①对前腰曲线 EH 进行三等分，光标移到该线上，该线被系统自动识别呈高光显示，按数字 3 键，即可完成三等分，单击鼠标右键结束，分别记为 F 点、G 点。

②测量前腰曲线 EH 长度，并记为变量"前腰线长"。

③过 F 点绘制前腰省位：过 F 点作前腰曲线的垂线，长度 =9cm，F 点左右分别取定位点作为省的两个端点，距离 =（前腰线长 – 腰围 /4–1）÷4；用直线分别连接省的两个端点和省尖。

④过 G 点作前腰曲线的垂线，长度 =10cm，G 点左右分别取定位点作为省的两个端点，距离 =（前腰线长 – 腰围 /4–1）÷4；用直线分别连接省的两个端点和省尖。

⑤过 H 点竖直向上绘制直线到 H '点，长度 =3cm。

⑥过 E 点顺势延长 O ' E 到 E '，长度 =3cm。

⑦过点 H'、E'作后腰曲线的相似线，顺势延长两个前腰省的中心线交于曲线 $E'H'$ 于点 F'、G'。

⑧测量曲线 $E'H'$ 长度，并设为变量 $E'H'$ 线长。

⑨分别绘制 F' 点左右两个定位点，距离 = ($E'H'$ 线长 – 腰围 /4）÷ 4；用直线分别连接这两个定位点和 F 点的省的两个端点。

⑩分别绘制 G' 点左右两个定位点，距离 = ($E'H'$ 线长 – 腰围 /4）÷ 4；用直线分别连接这两个定位点和 G 点的省的两个端点。

8. 绘制腰省

选择"省"工具，按住 Shift 键，点击鼠标左键框选相交于 C 点的省的两边，注意省中心线需要删除，单击鼠标右键结束即可完成省的设置，系统自动添加省山。

同理，完成 D 点、F 点、G 点的省的设置。

第四节　日本文化式第八代女装原型

一、款式描述

日本文化式第八代女装原型相比于第七代更为符合人体结构，省道设计更加细致。女装衣身的设计主要是围绕着胸部凸起和肩胛骨凸起进行的，第八代女装原型不仅增加了省位设计，而且不同位置设置不同的省量，突出了女性身体的曲线之美。运用第八代女装原型大大增加了服装结构设计的造型能力。

由于第八代女装原型前片袖窿省采用角度公式的设计方法，一般的软件往往只能以定值的形式进行设计，无法实现这种设计方法，故特将第八代女装原型作为案例加以讲解。

衣身结构图如图 7–43 所示，袖子结构图如图 7–44 所示：

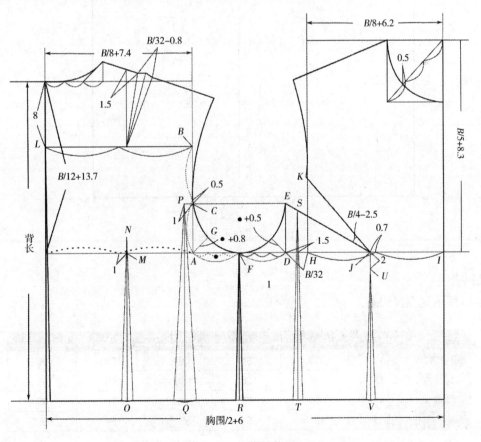

图 7–43　衣身结构图

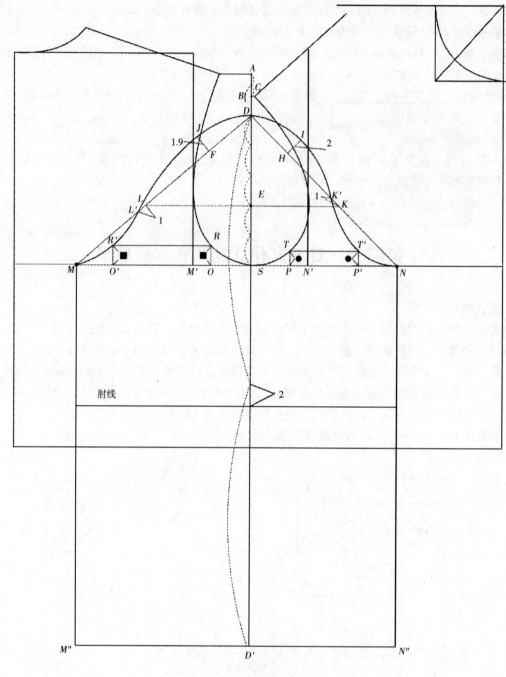

图 7-44　袖子结构图

二、尺码表
如图 7-45 所示建立尺码表。

部位名	档差	155/80A	160/84A	165/88A*	170/92A	175/96A
胸围 ℃	4	80	84	88	92	96
背长	1	37	38	39	40	41
腰围	4	64	68	72	76	80
袖长	1.5	49.5	51	52.5	54	55.5

图 7-45　尺码表

三、操作步骤

1. 绘制矩形框（宽 = 胸围 /2+6，高 = 背长）

选择"线条"工具，单击鼠标左键拖框，输入数据。

2. 绘制袖窿深线（距离 = 胸围 /12+13.7）

选择"线条"工具，鼠标左键按住矩形框上边线，向下拖出平行线，设置距离 = 胸围 /12+13.7，单击鼠标右键确定。

3. 绘制背宽线（距离 = 胸围 /8+7.4）

选择"线条"工具，鼠标左键按住矩形框左边线，向右拖出平行线，设置距离 = 胸围 /8+7.4，单击鼠标右键确定。

4. 修剪多余线条

如图 7-46 所示，从右下往左上进行框选，鼠标右键点击"背宽线"袖窿深线以下的部分修剪，鼠标右键点击矩形框上边线在背宽线右侧的部分修剪，鼠标右键点击矩形框右边线袖窿深线以上的部分修剪，单击鼠标右键完成。

5. 延长修剪后的矩形右边线（增量 = 胸围 /5+8.3）

选择"线条"工具，框选修剪后的矩形右边线，鼠标左键点击上端点，向上拉出延长线，鼠标左键点击任意位置，在数据框中设置增量 = 胸围 /5+8.3，单击鼠标右键完成。

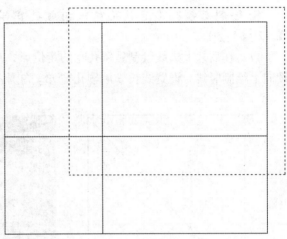

图 7-46　修剪

6. 绘制基础辅助线

过延长线上端点向左绘制直线，线长 = 胸围 /8+6.2；继续向下绘制竖直线条，交袖窿深线于一点。第八代女装原型基础辅助线如图 7-47 所示。

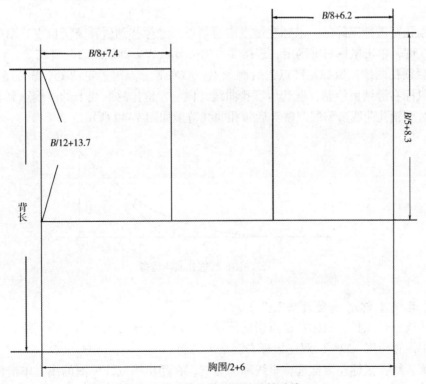

图 7-47　第八代女装原型基础辅助线

7. 绘制前领孔（*前领宽 = 胸围 /24+3.4，前领深 = 前领宽 +0.5= 胸围 /24+3.9*）

（1）选择"线条"工具，在前片上边线绘制定位点：鼠标左键点击，设置"偏移 = 前领宽 = 胸围 /24+3.4"；继续向下绘制竖线，线长 = 前领深 = 前领宽 +0.5= 胸围 /24+3.9；继续向右绘制水平线，系统自动捕捉前中线交于一点，双击鼠标右键结束绘制。

（2）绘制前领孔对角线，并对其进行三等分：光标靠近对角线，按数字 3 键，单击鼠标右键确定；在对角线上靠下的等分点附近绘制定位点，在弹出的"定点"对话框中设置偏移 =0.5cm，确定后拉出白色线条，按住 Ctrl 键的同时，单击鼠标右键，即可在刚绘制的定位点处添加一个点。

（3）绘制前领孔曲线：鼠标左键点击前侧颈点、定位点、前颈点，双击鼠标右键结束前领孔曲线绘制，如图 7-48 所示。

8. 绘制后领孔（*后领孔宽 = 前领孔宽 +0.2= 胸围 /24+3.6，后领孔深 = 后领孔宽 /3= 胸围 /72+1.2*）

（1）在后片上边线绘制后领孔宽的定位点，在弹出的"定点"对话框中设置偏移 = 胸围 /24+3.6；继续向上绘制竖线，设置线长 = 后领孔宽 /3= 胸围 /72+1.2。

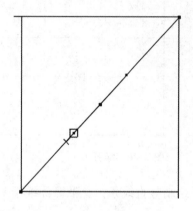  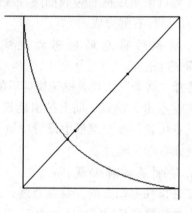

图 7-48　前领孔曲线绘制

（2）对后领孔宽进行三等分：鼠标左键点击后颈点，光标移到后领宽定位点，系统自动捕捉呈高光显示，按数字 3 键，单击鼠标右键确定；连接靠右的等分点和后侧颈点绘制直线。

（3）绘制后领孔曲线：鼠标左键点击后侧颈点、靠右等分点附近空白处、靠左等分点附近空白处、后颈点，双击鼠标右键结束绘制；框选后领孔曲线，鼠标左键拖移曲线上的曲线点到合适的位置，单击鼠标右键结束对后领孔曲线造型的调整。后领孔曲线造型如图 7-49 所示。

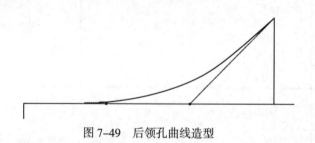

图 7-49　后领孔曲线造型

9. 绘制前肩线（*前肩线角度 =22°*）

（1）选择"线条"工具，鼠标左键点击前侧颈点，向胸宽线方向拉出一条直线，长度超出胸宽线即可，在数据框中设置角度 =22°，双击鼠标右键结束绘制。

（2）修剪该直线：鼠标左键框选该直线和胸宽线，在超出胸宽线一侧的线上单击鼠标右键修剪该部分线条。

（3）延长该线至肩线长：鼠标左键框选该线，在端点处鼠标左键单击，向外拉出延长线，设置线长＝1.8cm，单击鼠标右键确定，即可完成前肩线绘制。

10. 绘制后肩线（后肩线角度＝18°，后肩线长＝前肩线长＋后肩省宽）

（1）选择"测修"工具，鼠标左键点击前肩线，测出前肩线长，在数据上双击鼠标左键，在"增加"前面的空格里输入"前肩线长"，点击"增加"，在弹出的对话框中点击"确定"，在"尺寸修改"对话框中点击"取消"，即可完成前肩线长的变量设定。

（2）绘制后肩线：选择"线条"工具，鼠标左键点击后侧颈点，拉出直线，双击鼠标右键结束绘制，在数据框中设置线长＝前肩线长＋胸围/32-0.8，角度＝18°，单击鼠标右键确定即可完成后肩线的绘制。

11. 绘制后肩省（省宽＝胸围/32-0.8）

后肩省绘制如图7-50所示。

（1）绘制省尖辅助线：鼠标左键点击前片上边线，向下拖出平行线，距离＝8cm，单击鼠标右键确定；绘制该平行线中点右侧1cm定位点为省尖点；竖直向上绘制直线交后肩线于一点，沿着后肩线向肩点方向绘制距离该点1.5cm的定位点，为后肩省的靠左端点。

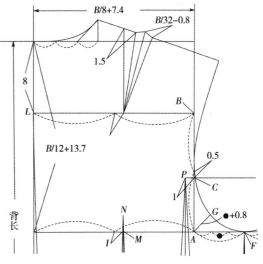

图7-50　后肩省绘制

（2）选择"省"工具，鼠标左键点击省的左端点，沿着肩线向右拉出省的倒向侧，向着省尖点拉出省长方向箭头，在弹出的"加省"对话框中设置省的类型为半省，距离为0，宽度＝胸围/32-0.8，长度直接将省尖拖移至已绘制好的省尖点即可，单击鼠标右键完成后肩省添加。

12. 绘制侧缝

侧缝绘制如图7-51所示。

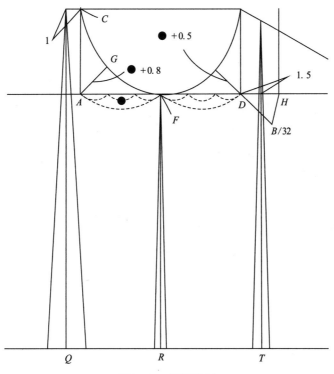

图7-51　侧缝绘制

（1）选择"线条"工具，鼠标左键点击袖窿深线与背宽线的交点 A，移动到 B 点（系统自动捕捉），按数字 2 键，将 AB 二等分；过等分点向下 0.5cm 作定位点 C：鼠标左键点击线条 AB 等分点下方附近位置，在弹出的"定点"对话框中设置偏移 =0.5cm，确定；继续向右绘制水平直线，双击鼠标右键结束绘制；鼠标左键点击胸宽线与袖窿深线交点左侧附近位置，绘制定位点 D；继续向上绘制竖直线条，长度不超过 C 点的水平线条，双击鼠标右键结束绘制；从右下向左上框选过 D 点的竖直线条和过 C 点的水平线条，再次框选，两线角连接交于 E 点。

（2）绘制 AD 的中点：鼠标左键点击 A 点，光标向上移动到 D 点，按数字 2 键，单击鼠标右键完成对线条 AD 的二等分；继续点击 AD 中点 F 竖直向下绘制直线，与腰线相交于一点 R，直线 FR 即为侧缝辅助线，双击鼠标右键结束绘制。

（3）鼠标左键点击 F 点，向下点击 R 左侧附近点，绘制定位点，设置"偏移"，偏移 =（胸围 – 腰围）/$2 \times 5.5\%$，双击鼠标右键结束绘制，得到后侧缝。

（4）鼠标左键点击 F 点，向下点击 R 右侧附近点，绘制定位点，设置"偏移"，偏移 =（胸围 – 腰围）/$2 \times 5.5\%$，双击鼠标右键结束绘制，得到前侧缝。

13. 绘制后袖窿

（1）选择"线条"工具，对 AF 进行三等分：鼠标左键点击 A 点，光标移动到 F 点，系统自动捕捉呈高光显示，按数字 3 键，单击鼠标右键完成；选择"测修"工具，测量其中一个等分的长度，添加变量为"后袖窿腋下参考"；选择"线条"工具，鼠标左键点击 A 点，向右上方 45° 拉出，在鼠标左键单击任意位置，双击鼠标右键结束绘制，在数据框中设定长度 = 后袖窿腋下参考 +0.8，单击鼠标右键确定。

（2）绘制后袖窿曲线：选择"线条"工具，鼠标左键点击后肩点、背宽线附近点、G 点、F 点，双击鼠标右键结束绘制；鼠标左键框选该曲线，拖移曲线点到与背宽线相切的位置，曲线形态合适，单击鼠标右键确定。

14. 绘制前袖窿

前袖窿绘制如图 7-52 所示。

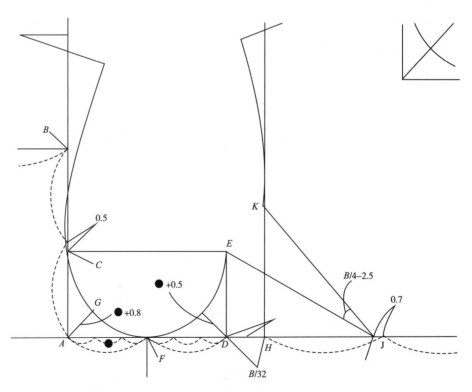

图 7-52　前袖窿绘制

（1）选择"线条"工具，对线条 DF 进行三等分：鼠标左键点击 D 点，移动光标到 F 点，系统自动捕捉呈高光显示，按数字 3 键，单击鼠标右键完成三等分；过 D 点向左上方绘制 45° 线，线长＝后袖窿腋下参考 +0.5；做 HI 的等分点，过等分点向左 0.7cm 添加一个定位点 J；直线连接 EJ。

（2）向右复制旋转直线 EJ：选择"旋转"工具，点击"尺码表"，在部位名"胸围"上点击鼠标右键；鼠标左键框选直线 EJ，单击右键结束选择，按住 Ctrl 键的同时，鼠标左键点击旋转中心 J 点，松开 Ctrl 键的同时，鼠标左键点击 E 点，在数据框中设置角度＝（胸围 /4-2.5）°，单击鼠标右键结束即可。

提示：因为此处为角度设置，必须在使用"旋转"工具前打开尺码表，在"胸围"上单击鼠标右键，胸围后面多了一个度数符号，意味"胸围"可以用于角度设置，如图 7-53 所示。

部位名	档差	155/80A	160/84A	165/88A*	170/92A	175/96A
胸围 ℃	4	80	84	88	92	96
背长	1	37	38	39	40	41
袖长	1.5	52.5	54	55.5	57	58.5

图 7-53 鼠标右键点击部位名使其角度设置可用

（3）绘制前袖窿曲线（分为两个部分）：选择"线条"工具，鼠标左键点击 E 点、过 D 点的 45° 线端点、F 点，双击鼠标右键结束绘制；继续绘制上半部分，鼠标左键点击 K 点、靠近胸宽线一点、前肩点，双击鼠标右键结束绘制；框选需要修改的曲线，鼠标左键拖移曲线点到合适位置，单击鼠标右键确定即可。

15. 绘制后中

选择"线条"工具，鼠标左键点击后中 L 点，向下点击腰线与后中交点附近绘制定位点，设置偏移 =（胸围－腰围）/2×7%，双击鼠标右键结束绘制。

16. 绘制后片腰省

（1）绘制靠近后中的腰省：等分背宽：选择"线条"工具，鼠标左键点击袖窿深线与后中交点，移动光标到背宽线与袖窿深线交点，按数字 2 键，单击鼠标右键完成等分；过等分点向右绘制定位点 M，设置偏移 =1cm，继续竖直向上绘制直线 MN，设置线长 =2cm；延长 NM；框选 NM，鼠标左键点击 M 点，向下拉出延长线交腰线于 O 点；选择"省"工具，鼠标左键点击 O 点，向右拉出箭头点击腰线任意点指示省打开方向，竖直向上拉出箭头指示省尖方向，在"加省"对话框中设置宽度 =（胸围－腰围）/2×18%，右侧勾选"中间省"和"对称线"，则会生成以 OM 为省中心线的对称省；按住 Ctrl 键，鼠标左键拖动省尖到 N 点上，则省长自动变为 ON 的长度，单击鼠标右键完成。后片腰省设置如图 7-54 所示。

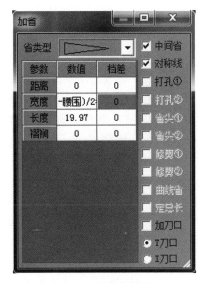

图 7-54 后片腰省设置

（2）绘制靠近侧缝的后腰省：选择"线条"工具，鼠标左键点击 C 点，向左绘制水平方向小短线，设置线长 =1cm，得到 P 点，继续向下绘制竖直线条交腰线于 Q 点，双击右键结束绘制；选择"省"工具，左键点击 Q 点，向右拉出箭头点击腰线任意点指示省打开方向，竖直向上拉出箭头指示省尖方向，在"加省"对话框中设置宽度 =（胸围－腰围）/2×35%，右侧勾选"中间省"和"对称线"，则会生成以 OM 为省中心线的对称省；按住 Ctrl 键，左键拖动省尖到 P 点上，则省长自动变为 PQ 的长度，单击鼠标右键完成。

17. 绘制前片腰省

腰省结构图如图 7-55 所示。

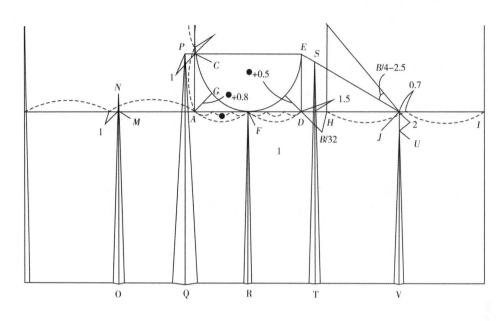

图 7-55　腰省结构图

（1）绘制靠近前中的腰省：选择"线条"工具，鼠标左键点击 *J* 点，竖直向下绘制直线，交腰线于 *V* 点，双击鼠标右键完成；鼠标左键点击 *J* 点下方附近绘制定位点 *U*，设置偏移 =2cm，按住 Ctrl 键，点击鼠标右键添加点；选择"省"工具，鼠标左键点击 *V* 点，向左拉出箭头点击腰线任意点指示省打开方向，竖直向上拉出箭头指示省尖方向，在"加省"对话框中设置宽度 =（胸围 − 腰围）/2 × 14%，右侧勾选"中间省"和"对称线"，则会生成以 *UV* 为省中心线的对称省；按住 Ctrl 键，鼠标左键拖动省尖到 *U* 点上，则省长自动变为 *UV* 的长度，单击鼠标右键完成。

（2）绘制靠近侧缝的前腰省：选择"线条"工具，鼠标左键点击 *D* 点右侧附近位置，添加定位点，设置偏移 =1.5cm；继续向下绘制竖直方向直线，交腰线于 *T* 点，双击鼠标右键结束绘制；框选该线，鼠标左键点击上端点，向上延长该线与直线 *EJ* 相交于 *S* 点，双击鼠标右键结束绘制。选择"省"工具，鼠标左键点击 *T* 点，向左拉出箭头点击腰线任意点指示省打开方向，竖直向上拉出箭头指示省尖方向，在"加省"对话框中设置宽度 =（胸围 − 腰围）/2 × 15%，右侧勾选"中间省"和"对称线"，则会生成以 *ST* 为省中心线的对称省；按住 Ctrl 键，单击鼠标左键拖动省尖到 *S* 点上，则省长自动变为 *ST* 的长度，单击鼠标右键完成。

18.绘制袖子

袖子绘制如图 7-56 所示。

（1）将衣身原型全部框选，进行复制、粘贴，将利用衣身原型进行袖子的结构图绘制。保留前后肩线、袖窿曲线、侧缝辅助线、胸宽线、背宽线、袖窿深线、腰线，其他均可删除。

（2）选择"线条"工具，框选侧缝辅助线，鼠标左键点击最上端点，向上拉出延长线，在超过后肩点的位置单击鼠标左键，双击鼠标右键结束绘制。过后肩点向侧缝辅助线绘制水平直线交于 *A* 点，双击鼠标右键结束绘制；过前肩点向侧缝辅助线绘制水平直线交于 *B* 点，双击鼠标右键结束绘制。

（3）绘制 *AB* 的等分点：鼠标左键点击 *A* 点，移动光标到 *B* 点，按数字 2 键，得到等分点 *C*，单击鼠标右键结束。

（4）对 *C* 点到袖窿深线的六等分；靠上的第五个等分点 *D* 为袖山顶点，向下绘制竖直线 *DD*′，设置线长 = 臂长。

（5）过袖山顶点 *D* 分别向袖窿深线绘制前后袖山辅助线。选择"多测"工具，框选后袖窿曲线，增加变量"后 *AH*"；框选前袖窿曲线靠近腋下点的部分，框选前袖窿曲线靠近前肩点的部分，将两部分的

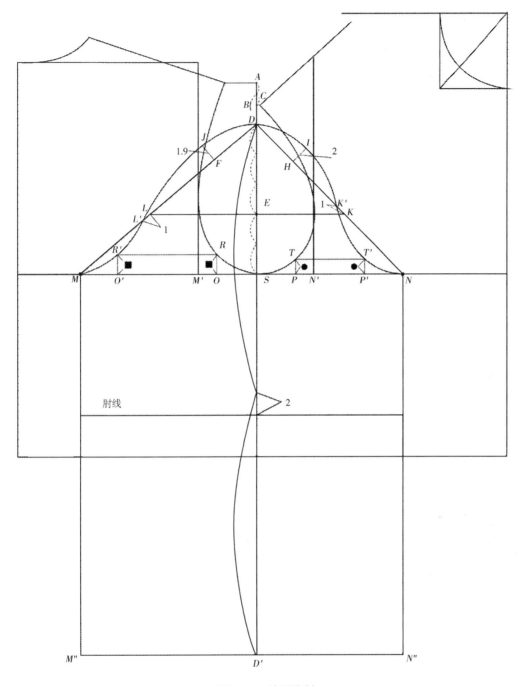

图 7-56　袖子绘制

和记为变量"前 AH";选择"线条"工具,鼠标左键点击袖山顶点,在数据框中设置线长 = 前 AH,鼠标左键点击袖窿深线,得到 N 点,继续向下绘制竖直线条,长度不超过臂长线,单击鼠标右键结束绘制;鼠标左键点击袖山顶点,在数据框中设置线长 = 后 AH+1,鼠标左键点击袖窿深线,得到 M 点,继续向下绘制竖直线条,长度不超过臂长线,单击鼠标右键结束绘制。

（6）过臂长线绘制水平直线,使该水平直线与袖子两条缝合线角连接;鼠标左键点击臂长线中点（靠近后系统自动捕捉）,按住 Ctrl 键的同时,单击鼠标右键,添加一个数据点;在该数据点下方附近位置单击鼠标左键,绘制定位点,距离 =2.5cm,继续向右水平拉出,交右侧袖缝合线于一点,双击鼠标右键结束绘制;框选水平线,鼠标左键点击左侧端点,向左延长交左侧袖缝合线于一点,双击鼠标右键结束绘制。该水平线为袖肘线。

（7）绘制袖山曲线：

①过 E 点绘制水平直线分别与前、后袖山辅助线交于 K 点、L 点，在 K 点靠上位置绘制定位点 K′，KK′=1cm；在 L 点靠下的位置绘制定位点 L′，LL′间距 =1cm。

②绘制袖山辅助线：过 F 点、H 点绘制垂线，FJ=1.9cm，HI=2cm。如图 7-57 所示。

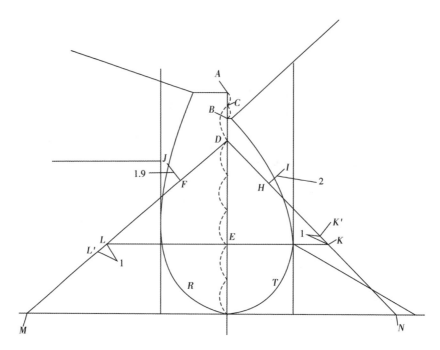

图 7-57　袖山辅助线

③绘制垂线辅助线：将胸宽线与背宽线之间的距离六等分，过等分点 O、P 分别向上作竖直线条，与袖窿曲线交于一点，长度分别为■和●；在袖山底线两个端点 M、N 附近分别作定位点，设置偏移 =M′N′/3，继续向上作竖直垂线，垂线长度分别为■和●。垂线辅助线如图 7-58 所示。

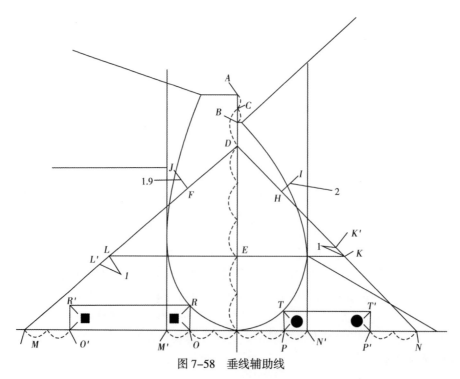

图 7-58　垂线辅助线

④选择"线条"工具，框选 OR 和后袖窿曲线，鼠标左键点击 R 点，将后袖窿曲线在 R 点处断开；同样，框选 PT 和前袖窿曲线，左键点击 T 点，将前袖窿曲线在 T 点处断开；左键点击 O 点，光标移动到 O′点，按数字 2 键，将 OO′等分；同样，左键点击 P 点，光标移动到 P′点，按数字 2 键，将 PP′等分。

⑤选择"镜像"工具，点选 RS，单击鼠标右键结束选择，左键点击 OO′的等分点，竖直向上任意位置单击左键，则 RS 镜像复制于 R′M；同样，左键点选 TS，右键结束选择，左键点击 PP′的等分点，在竖直向上任意位置单击左键，则 TS 镜像复制于 T′N。

⑥选择"线条"工具，鼠标左键点击 R′点、L′点、J 点、D 点、I 点、K′点、T′点，完成整个袖山曲线的绘制。

（8）过 D 点向下绘制竖直线 DD′，长度 = 袖长。

（9）过 D′点绘制水平直线。

（10）过 M 点、N 点向下绘制竖直线，与过 D′的水平直线角连接于 M″点和 N″点。

（11）过 DD′中点向下量取 2cm，绘制水平线，即为肘线。

第五节　低腰女式弹力裤

一、款式描述

低腰女式弹力裤，选用带有弹力的、有一定厚度的面料，适合春秋穿用。板型特点为腰部采用低腰设计，无口袋，前门襟为拉链设计，腰头系扣。腰部、臀部、膝部较为贴身，裤腿为微喇设计，显得身材修长、俏丽。

二、款式图

款式图如图 7-59 所示。

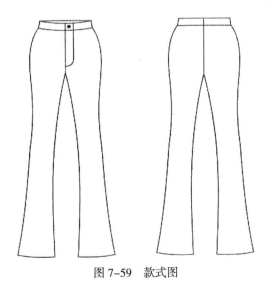

图 7-59　款式图

三、结构图

结构图如图 7-60 所示。

四、尺码表

尺码表中各部位数据并非人体净尺寸，而是各个部位对应的成品服装尺寸，如图 7-61 所示。

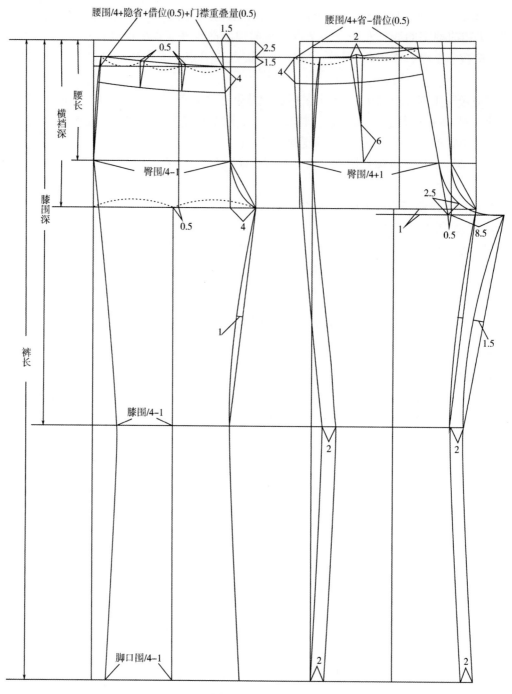

图 7-60　结构图

五、操作步骤

1. 绘制基础辅助线

（1）绘制裤长竖线：选择"线条"工具，设置长度＝裤长。

（2）绘制腰头辅助线：选择"线条"工具，设置长度＝臀围 /4－1。

（3）绘制低腰位置辅助线：选择"线条"工具，鼠标左键点击腰头辅助线绘制平行线，设置距离＝2.5cm。

（4）绘制臀围辅助线：选择"线条"工具，鼠标左键点击腰头辅助线绘制平行线，设置距离＝腰长。

（5）绘制横裆辅助线：选择"线条"工具，鼠标左键点击腰头辅助线绘制平行线，设置距离＝横裆深。

部位名	档差	155/64A	160/68A*	165/72A	170/76A	175/80A
腰围	4	66	70	74	78	82
臀围	4	87	91	95	99	103
膝围	2	38	40	42	44	46
脚口围	2	45	47	49	51	53
裤长	5	93	98	103	108	113
前浪	1	21	22	23	24	25
后浪	1.2	31.6	32.8	34	35.2	36.4
腰长	0.5	18	18.5	19	19.5	20
横裆深	0.8	24.7	25.5	26.3	27.1	27.9
膝围深	1.5	57.5	59	60.5	62	63.5

图 7-61　尺码表

（6）绘制膝围辅助线：选择"线条"工具，鼠标左键点击腰头辅助线绘制平行线，设置距离＝膝围深。

（7）竖线连接腰头辅助线和横裆辅助线。

基础辅助线绘制结构图如图 7-62 所示。

2. 绘制前裆弯

前裆弯曲线绘制如图 7-63 所示。

（1）选择"线条"工具，从右下到左上框选横裆线，在横裆线右侧端点上单击鼠标左键，绘制延长线，设置延长长度＝4cm。

（2）直线连接 AB、BC，绘制 C 点时，鼠标左键点击上边线靠近右侧端点位置，在弹出的"定点"对话框中设置偏移＝1.5cm。

（3）绘制前裆弯曲线：选择"线条"工具，鼠标左键点击 A 点、AB 中点左侧附近点（曲线点）、B 点，双击鼠标右键结束绘制；从右下向左上框选该曲线，调整曲线造型到合适位置点击鼠标右键即可。

3. 绘制前腰头

前腰头绘制如图 7-64 所示。

（1）绘制前腰线辅助线：选择"线条"工具，鼠标左键点击上边线拖出平行线，设置距离＝4cm。

（2）绘制前腰线抬高辅助线：选择"线条"工具，鼠标左键点击前腰线辅助线向下拖出平行线，设置距离＝1.5cm；BC 与其交于 D 点。

（3）过 D 点在前腰线抬高辅助线上绘制定位点 E，设置距离＝腰围 /4+ 隐省（1cm）+ 借位（0.5cm）+ 门襟重叠量（0.5cm）；连接 EF；框选 EF，鼠标左键点击 E 点向上顺势延长到前腰头抬高辅助线相交于 G 点。

（4）曲线连接 DG，靠近 D 点的 1/3 部分接近水平，另外 2/3 逐渐向上弯曲，符合前腰线造型要求。

（5）直线连接 GF，参照其微微向外绘制曲线 GF，调

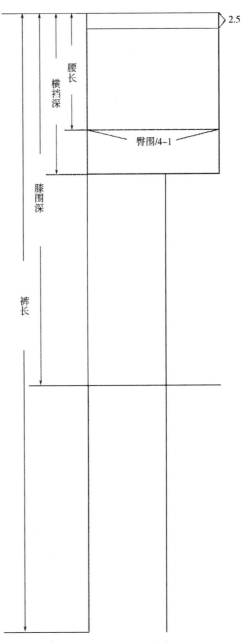

图 7-62　基础辅助线绘制

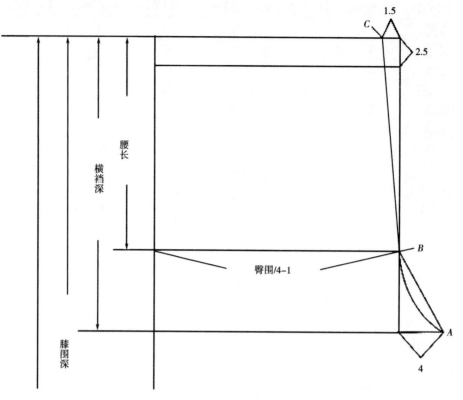

图 7-63　前裆弯曲线绘制

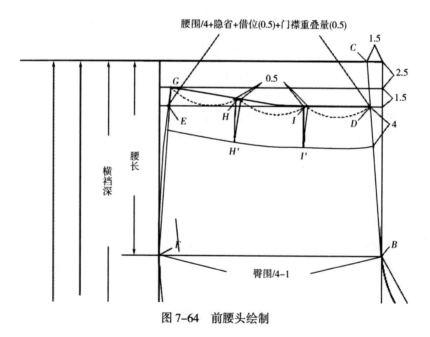

图 7-64　前腰头绘制

整曲线 GF 造型使其符合侧缝要求。

（6）对曲线 DG 进行三等分：光标靠近曲线 DG 使其被系统自动捕捉呈高光显示，按数字 3 键将其三等分，单击鼠标右键完成；鼠标左键点击前腰线向下拖出平行腰线，设置距离 =4cm。

（7）绘制隐省：选择"省"工具，在弹出的"加省"对话框中设置省类型，省宽度 =0.5cm，省长 =4cm，勾选"中间省"选项，鼠标左键点击等分点 H，鼠标左键沿着腰线方向指示省打开方向，因为是对称的中间省，故两侧方向均可；鼠标左键沿着垂直腰线向下的方向 HH' 指示省尖方向，单击鼠标右键确定即可。同样完成另一个隐省的绘制。

4. 绘制前裤片外轮廓

前裤片外轮廓线绘制如图 7-65 所示。

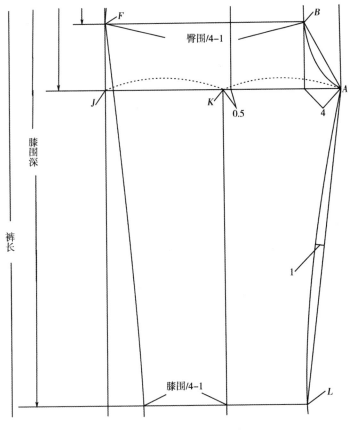

图 7-65　前片内裤线

（1）绘制裤线：在横档线上绘制等分点，鼠标左键点击 A 点，拉出箭头指向 J 点，按数字 2 键，单击鼠标右键完成等分。

（2）过等分点向左 0.5cm 绘制定位点 K，过 K 点竖直向下绘制裤线辅助线。

（3）过裤长辅助线下端点绘制水平直线，与裤线辅助线角连接；在该线上靠近裤线绘制定位点，设置偏移 = 裤脚口 /4−1。

（4）向上在膝围线上绘制定位点，参考点为膝围线与裤线辅助线交点，设置偏移 = 膝围 /4−1。

（5）继续向上绘制曲线交于 F 点，并调整线条造型符合与臀部侧缝线圆顺衔接的要求。

（6）过裤长辅助线与裤线交点向右绘制水平直线，设置线长 = 裤脚口 /4−1。

（7）向上在膝围线与裤线交点右侧上绘制定位点 L，参考点为膝围线与裤线辅助线交点，设置偏移 = 膝围 /4−1；绘制直线 LA，过 LA 中点绘制 1cm 的小垂线，作为这一段内裤线的绘制参考点。

5. 绘制后裤片外轮廓线

后裤片外轮廓线绘制如图 7-66 所示。

在前片基础上完成后片绘制，可以框选前片的结构线，选择"编辑"菜单下的"复制"和"粘贴"命令，鼠标左键在合适的位置点击即可。由于前片的腰臀部结构线与后片关系不大，并且线条过多影响操作，故将没用的线条删除即可。

（1）绘制后片腰头：

①绘制后片腰线辅助线：选择"线条"工具，鼠标左键点击上边线向下拖出平行线，设置距离 = 2.5cm；直线 ON′ 与该线相交于 N‴ 点。以 N‴ 点为参考点，在后片腰线辅助线上向左绘制定位点 Q，设

置偏移 = 腰围 /4+ 省（2cm）– 借位（0.5cm）。

②绘制后片腰线起翘辅助线：选择"线条"工具，鼠标左键点击腰线辅助线向上拖出平行线，设置距离 =1.5cm；直线 ON' 与该线相交于 N" 点。

③绘制腰线弧线：选择"线条"工具，鼠标左键点击 Q 点、QN''' 中点附近点、N" 点，调整曲线造型符合后腰线要求，单击鼠标右键确定。

④绘制平行腰线：选择"线条"工具，鼠标左键点击腰线 QN" 向下拖出平行腰线。

⑤绘制后腰省：选择"线条"工具，鼠标左键点击后腰线中点，向下绘制垂线，与臀围辅助线交于一点；在该垂线上点击鼠标左键靠近下端点位置绘制定位点 R。

⑥选择"省"工具，在弹出的"加省"对话框中设置省类型，省宽度 =2cm，省长未知，勾选"中间省""对称线"选项，鼠标左键点击等分点 R'，鼠标左键沿着腰线方向指示省打开方向，因为是对称的中间省，故两侧方向均可；鼠标左键沿着垂直腰线向下的方向 R'R 指示省尖方向；出现省的虚拟图形，在点击鼠标右键确定之前，鼠标左键直接将省尖拖放至 R 点，点击鼠标右键确定即可完成后腰省绘制。

（2）绘制后裆弯：

①绘制后片横裆线：选择"线条"工具，鼠标左键点击前片横裆线向下拖出平行线，设置距离 =1cm；该线与臀围宽度辅助线交于 M' 点。

②绘制 M' 点左侧定位点 M，设置偏移 =0.5cm。

③绘制 M' 点右侧定位点 A'，设置偏移 =8.5cm。

④绘制 N' 点：靠近腰头上边线右端点附近，绘制定位点，以上边线与臀围宽度辅助线交点 N 为参考点，设置偏移 =5.5cm。

⑤连接直线 N'M。

⑥过 M 点绘制 45° 线 MP，设置线长 =2.5cm。

⑦完成后片裆弯绘制：选择"线条"工具，鼠标左键依次点击 A' 点、P 点、O 点。

（3）完成后片轮廓线绘制：

①选择"线条"工具，直线连接 A'L'，过其中点向上绘制小垂线，长度 =1.5cm；鼠标左键依次点击 A' 点、小垂线顶点、L' 点，设置 L' 点与前片对应点的偏移 =2cm，绘制后片膝围线以上的内侧缝；继续点击裤口线，与对应点的偏移 =2cm，外侧缝线依然。

②在臀围辅助线上，以 O 点为参考点，向左绘制定位点 O'，设置偏移 = 臀围 /4+1。

③曲线连接 Q 点、O 点、对应的膝围点，并且调整曲线造型符合要求，单击鼠标右键确定即可。

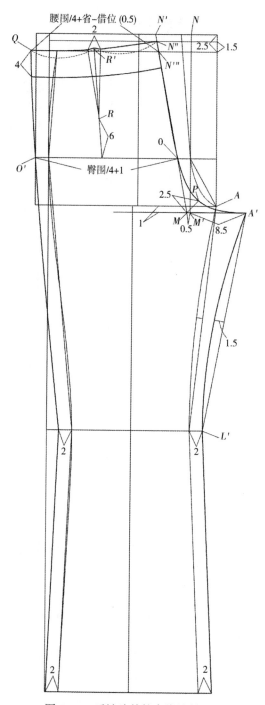

图 7-66　后裤片外轮廓线绘制

参考文献

[1] 潘波 . 服装工业制板 [M]. 北京 : 中国纺织出版社，2016.

[2] 胡群英 . 服装 CAD 板型应用 [M]. 北京 : 中国纺织出版社，2016.

[3] 陈义华，陆红接 . 服装 CAD 制板基础 [M]. 北京 : 中国纺织出版社，2016.

[4] 杨丽娜 . 服装 CAD 制板技术与实例精解 [M]. 北京 : 中国轻工业出版社，2014.

[5] 刘咏梅 . 服装 CAD 纸样设计基础及应用 [M]. 北京 : 人民邮电出版社，2016.

[6] 鲍卫兵 . ET 服装 CAD[M]. 上海 : 东华大学出版社，2019.

[7] 戴耕，贺宪亭 . 智能服装 CAD 基础与应用 [M]. 北京 : 中国纺织出版社，2011.

[8] 李秀英 . 服装纸样放码原理与应用 [M]. 北京 : 中国纺织出版社，2018.

[9] 刘东 . 服装纸样设计 [M]. 北京 : 中国纺织出版社，2014.

[10] 龙晋 . 最新服装纸样设计基础 [M]. 北京 : 化学工业出版社，2017.

[11] 高鸿 . 服装厂纸样大全 [M]. 广州 : 华南理工大学出版社，2012.

[12] 肖祠深 . 服装纸样实战技术 [M]. 上海 : 东华大学出版社，2016.

[13] 刘瑞璞 . 女装纸样设计原理与应用 [M]. 北京 : 中国纺织出版社，2017.

[14] 郭冬梅 . 图解服装纸样设计 [M]. 北京 : 中国纺织出版社，2015.

[15] 袁良 . 男装制板推板 [M]. 北京 : 中国纺织出版社，2016.